Klaus Chor



# Prüfungsfragen für Fahrzeuglackierer

AUDIN Verlag
Verlag GmbH
80331 München

2. Auflage, 3. — 5. Tausend — ISBN 3-9804135-2-7
Layout: Burkhard Feistenauer
Druck: Laub GmbH, Elztal-Dallau

# Vorwort

Die programmierten Aufgaben dieses Buches wurden vom Verfasser nach dem Rahmenlehrplan und den Prüfungsaufgaben für die Gesellenprüfung zum Beruf des Fahrzeuglackierers zusammengestellt. Es ist für die Vorbereitung zur Gesellenprüfung ebenso gedacht wie für den Einsatz in den Berufsschulklassen. Die einzelnen Kapitel des Buches müssen keineswegs zwingend hintereinander, sondern können nach den aktuellen Erfordernissen der Lehrpläne und Vorbereitungsstufen getrennt bearbeitet werden.

Die Auszubildenden können einzelne Kapitel auch völlig selbständig erarbeiten und im Ergebnis überprüfen. Dabei helfen sowohl die didaktisch gegliederten Arbeitsgebiete als auch die im Anhang abgedruckten Lösungen.

Die Zusammenstellung von beinahe 800 Prüfungsaufgaben wird eine ideale Vorbereitungsmöglichkeit zur Gesellenprüfung sein.

Wir wünschen den Auszubildenden viel Erfolg und den Lehrkräften erhebliche Entlastung mit und durch dieses Buch.

Wolfgang Auer
Verleger

# Vorwort zur 2. Auflage

Mit diesem Kompendium an Prüfungsfragen in der Ausbildung der Fahrzeuglackierer wurde eine Lücke geschloßen. Nichts erhärtet diese Feststellung mehr als die Tatsache, daß bereits nach zwei Jahren eine zweite Auflage erforderlich wurde. Autor und Verlag waren bemüht, diese weitgehend unverändert zu lassen und Änderungen auf notwendige Korrekturen und Ergänzungen zu beschränken.

Wolfgang Auer
Verleger

# Inhaltsverzeichnis

# Werkzeuge, Geräte, Maschinen und Anlagen

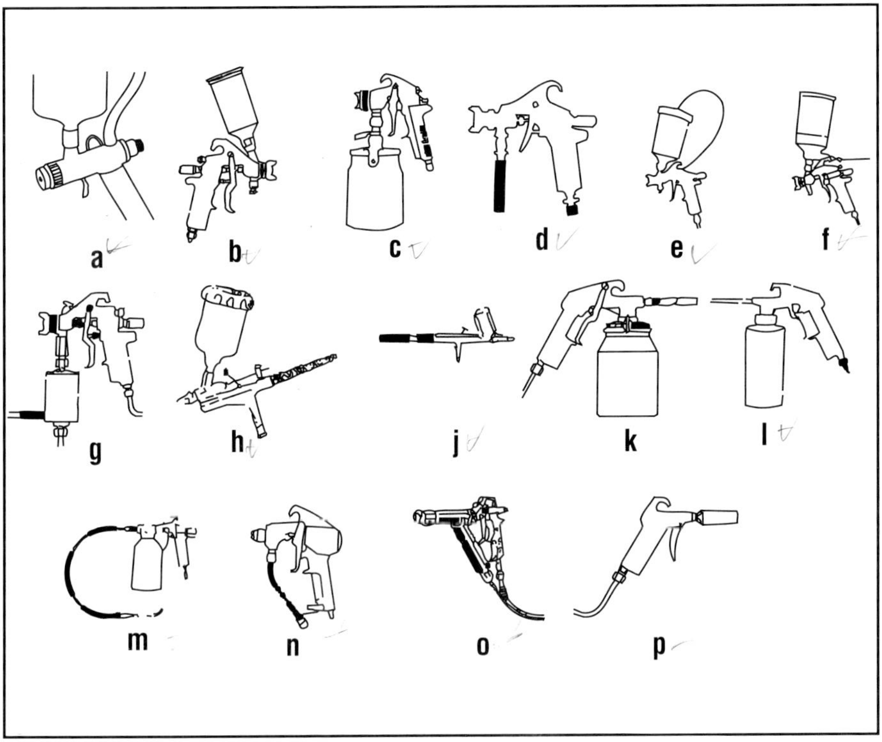


**1. Die abgebildeten Spritzpistolen sind ihrer Bezeichnung zuzuordnen.**

1.1 ____ Airbrush-Pistole
1.2 ____ Hochdruck-, Fließbecher-Pistole
1.3 ____ Elektrostatische Spritzpistole
1.4 ____ Heißspritzpistole mit Fließbecher
1.5 ____ Unterbodenschutz (UBS)-Spritzpistole
1.6 ____ Hochdruck-, Hängebecher-Pistole
1.7 ____ Strahl-Pistole
1.8 ____ Airless-Pistole
1.9 ____ Dekor-Spritzpistole
1.10 ____ Hochdruck-Spritzpistole mit Farbeinspeisung
1.11 ____ Ausblase-Pistole
1.12 ____ Hochdruck-Spritzpistole mit Druckbecher
1.13 ____ Heißspritzpistole mit Durchlauferhitzer
1.14 ____ Hohlraumversiegelungs-Pistole
1.15 ____ Niederdruck-Spritzpistole

**2. Die Einsatzgebiete der vorstehend abgebildeten Spritzpistolen sind zu bestimmen.**

2.1 ____ Lackieren ohne Verdünnungsmittelzugabe
2.2 ____ Lackieren niedrigviskoser Beschichtungsstoffe
2.3 ____ Aufbringen von Unterbodenschutzmassen
2.4 ____ Lackieren im Hochdruck-Spritzverfahren
2.5 ____ Serienlackierung von Formteilen aus Metall

2.6 _____ Aufbringen von hochviskosen Beschichtungsstoffen
2.7 _____ Lackierarbeiten mit kleiner Flächenleistung (Schmucktechniken)
2.8 _____ Entstauben und Ausblasen nach Lackier-Vorarbeiten
2.9 _____ Aufbringen von wachsähnlichen Emulsionen
2.10 _____ Lackieren mit reinem Materialdruck
2.11 _____ Strahlen kleiner Roststellen
2.12 _____ Design-Lackierung

---

### 3. Die Einzelteile der Fließbecher-Hochdruck-Spritzpistole sind der entsprechenden Bezeichnung zuzuordnen.

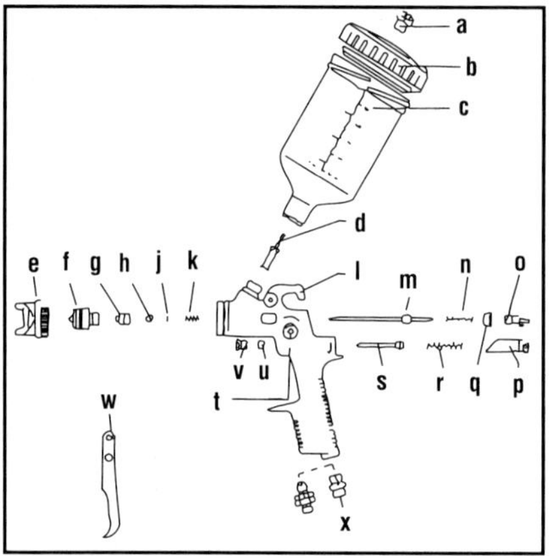


3.1 _____ Sicherungsscheibe
3.2 _____ Farbmengenregulierung
3.3 _____ Lacksieb
3.4 _____ Luftkolben
3.5 _____ Luftkappe
3.6 _____ Feder/Farbnadel
3.7 _____ Stopfbüchse/Luftkolben
3.8 _____ Pistolenkörper
3.9 _____ Tropfsperre
3.10 _____ Farbnadel
3.11 _____ Schraubdeckel
3.12 _____ Pressluftmikrometer
3.13 _____ Luftanschluß
3.14 _____ Dichtschraube
3.15 _____ Farbdüse
3.16 _____ Becher mit Meßskala
3.17 _____ Teflondichtung/Farbnadel
3.18 _____ Gegenmutter
3.19 _____ Abzugbügel
3.20 _____ Feder/Nadelpackung
3.21 _____ Strahlregulierung
3.22 _____ Teflondichtung/Luftkolben
3.23 _____ Feder/Luftkolben

---

# Düsensatz

### 4. Die einzelnen Bestandteile des Düsensatzes sind zu bestimmen.

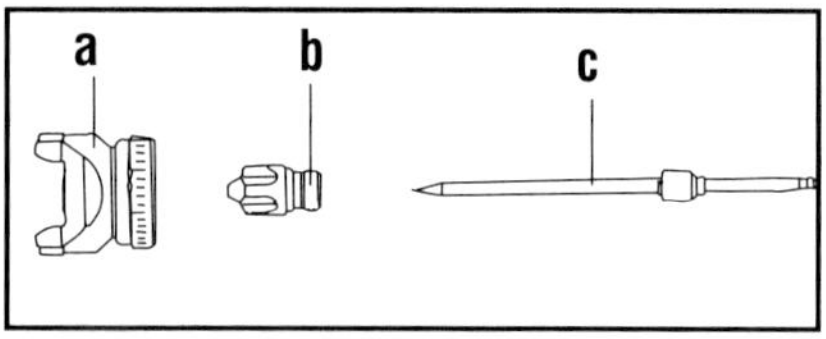


4.1 _____ Farbdüse
4.2 _____ Luftkappe
4.3 _____ Farbnadel

---

## 5. Die Einzelteile der Strahlpistole sind ihrer entsprechenden Bezeichnung zuzuordnen.

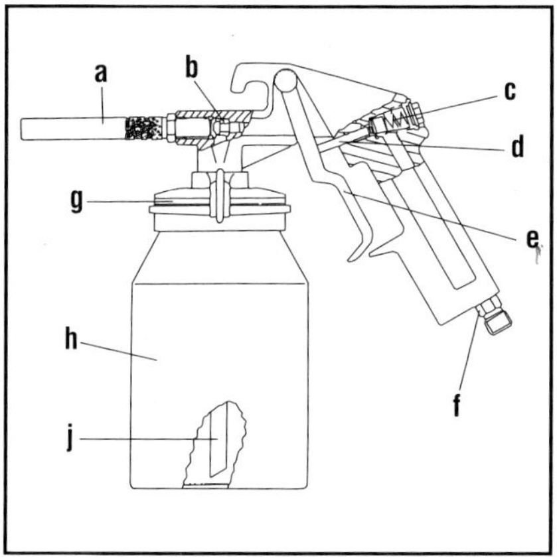


5.1 _____ Abzugbügel
5.2 _____ Druckfeder
5.3 _____ Steigrohr
5.4 _____ Strahlrohr
5.5 _____ Luftanschluß
5.6 _____ Dichtungsring
5.7 _____ Luftkolben
5.8 _____ Strahldüse
5.9 _____ Schnellverschlußbecher

## 6. Die Abbildungen sind den entsprechenden Applikationssystemen zuzuordnen.

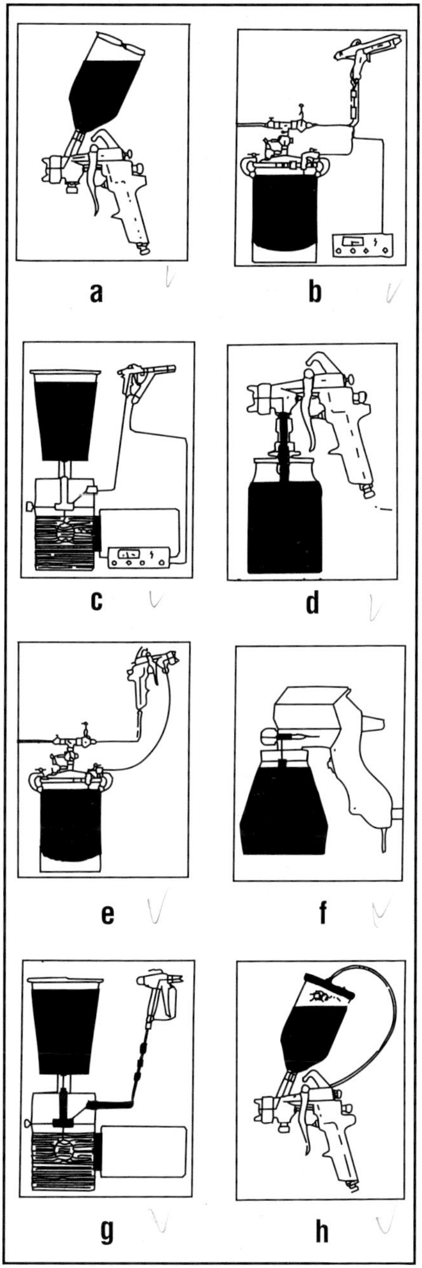

6.1 _____ Der Beschichtungsstoff wird durch Höchstdruck zur elektrostatischen Pistole befördert.

6.2 _____ Der Beschichtungstoff wird durch eine Membran-Pumpe zur Spritzdüse gesaugt.

6.3 _____ Dem Beschichtungsstoff wird zusätzlich Druckluft zugeführt.

6.4 _____ Der Beschichtungsstoff wird mittels Druckluft in die Pistole gefördert.

6.5 _____ Der Beschichtungsstoff wird durch Unterdruck in die Farbdüse gesaugt.

6.6 _____ Der Beschichtungsstoff wird mittels Druckluft in die elektrostatische Pistole gefördert.

6.7 _____ Der Beschichtungsstoff wird durch Schwerkraft in die Farbdüse gefördert.

6.8 _____ Der Beschichtungsstoff wird durch reinen Materialdruck zur Pistole gefördert

# Lackierverfahren mit Druckbehälter

## 7. Die einzelnen Bestandteile der Lackieranlage sind zuzuordnen.

7.1 _____ Druckluftversorgung
7.2 _____ Überdruck-Sicherheitsventil
7.3 _____ Kondensat-Ablaßschraube
7.4 _____ Luftzufuhr vom Druckbehälter zur Pistole
7.5 _____ Druckminderer/Öl-, Wasserabscheider
7.6 _____ Rührwerk
7.7 _____ Materialbehälter
7.8 _____ Hochdruck-Spritzpistole
7.9 _____ Materialzufuhr durch Druckschlauch
7.10 _____ Manometer

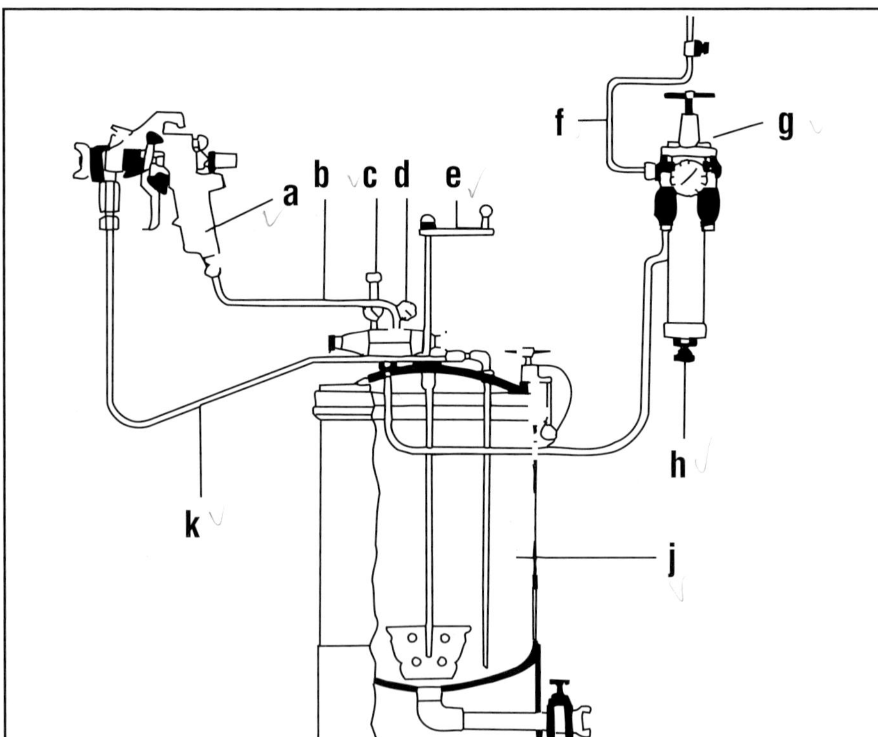

## 8. Die einzelnen Bestandteile in der Darstellung sind zuzuordnen.

8.1 _____ Feinfilter/Druckminderer
8.2 _____ Hochdruck-Spritzpistole mit Materialzufuhr
8.3 _____ Farbdruckbehälter
8.4 _____ Druckluftfilter
8.5 _____ Fließbecher-Hochdruck-Spritzpistole
8.6 _____ Ausgang für pastöse Massen
8.7 _____ Strahlpistole
8.8 _____ Druckminderer, Öl-, Wasser-abscheider, Feinfilter
8.9 _____ Durchlauferhitzer
8.10 _____ Ausblasepistole
8.11 _____ Elektronische Temperatursteuerung
8.12 _____ Druckluftzuführung zum Farbdruck-behälter

## 9. Die zusammengehörenden Ausrüstungsteile sind dem jeweiligen Arbeitsverfahren zuzuordnen.

9.1 _____ Druckgefäßanlage zum Verarbeiten von Grundmaterialien und Lacken
9.2 _____ Ausrüstung zum Kleinstrahlen
9.3 _____ Druckgefäßanlage zum Verarbeiten von Materialien im Heißspritz-Verfahren
9.4 _____ Ausrüstung zum Abblasen, Ausblasen und Trockenblasen
9.5 _____ Ausrüstung zum Verarbeiten von Materialien mit der Fließbecher-Pistole

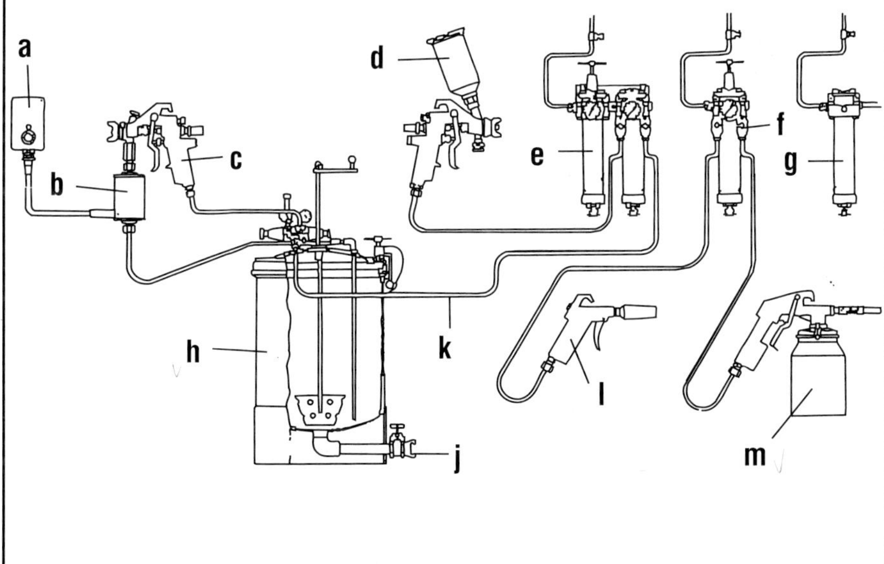

# Heißspritz-Verfahren

## 10. Die Einrichtungen zum Erhitzen des Lackmaterials sind zu bestimmen.

a) Fließbecher-System

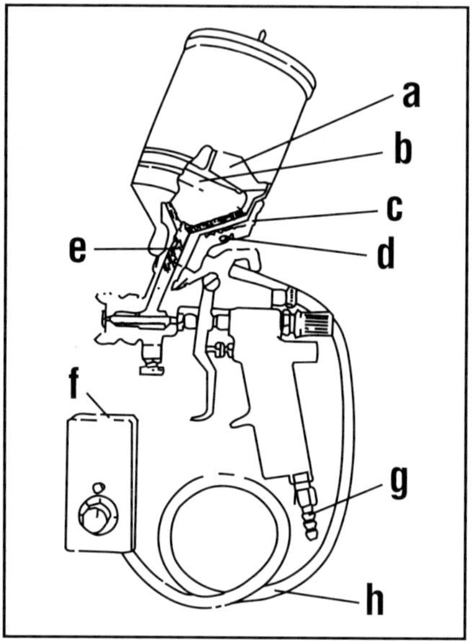


10.a.1 _____ Umlenkkörper
10.a.2 _____ Elektronische Temperatursteuerung
10.a.3 _____ 5-adriges Spezialkabel
10.a.4 _____ Kalter Lack
10.a.5 _____ Lufteingang
10.a.6 _____ Thermoelement
10.a.7 _____ Erhitzter Lack
10.a.8 _____ Heizplatte

b) Durchlauferhitzer-System

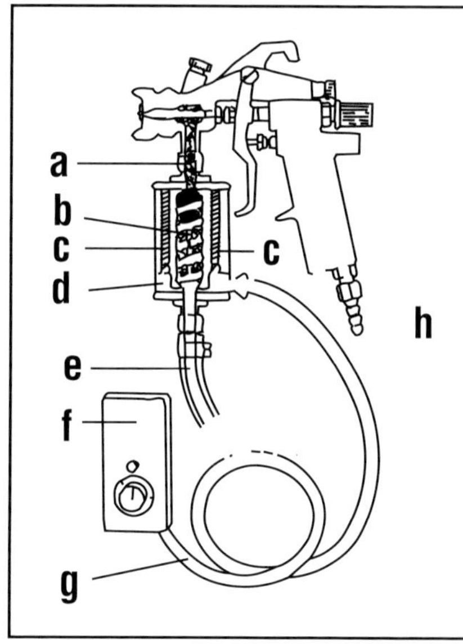


10.b.1 _____ Heizstäbe
10.b.2 _____ Lufteingang
10.b.3 _____ Umlenkschnecke
10.b.4 _____ Erhitzter Lack
10.b.5 _____ Thermoelement
10.b.6 _____ Elektronische Temperatursteuerung
10.b.7 _____ Kalter Lack
10.b.8 _____ 5-adriges Spezialkabel

# Air-Mix-Lackieranlage

**11. Die einzelnen Teile der Anlage sind ihrer Funktion zuzuordnen.**

11.1 ____ Füllstandsanzeige
11.2 ____ Materialanschluß
11.3 ____ Druckluftreiniger/Öl-, Wasser-abscheider
11.4 ____ Einfüllstutzen
11.5 ____ Überwachungs- und Regelarmaturen
11.6 ____ Spritzluft-Anschluß
11.7 ____ Materialbehälter
11.8 ____ Sicherheits-Überdruckventil
11.9 ____ Spritzpistole mit Schläuchen
11.10____ Rührwerkmotor
11.11____ Material-Absperrventil
11.12____ Druckregler
11.13____ Ausgang für pastöse Massen

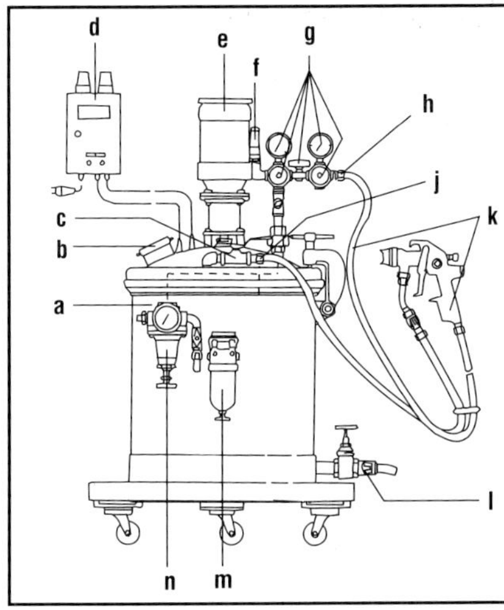


# Maschinen, Werkzeuge und Geräte

**12. Die Bezeichnungen der abgebildeten Maschinen, Werkzeuge und Geräte sind zuzuordnen.**

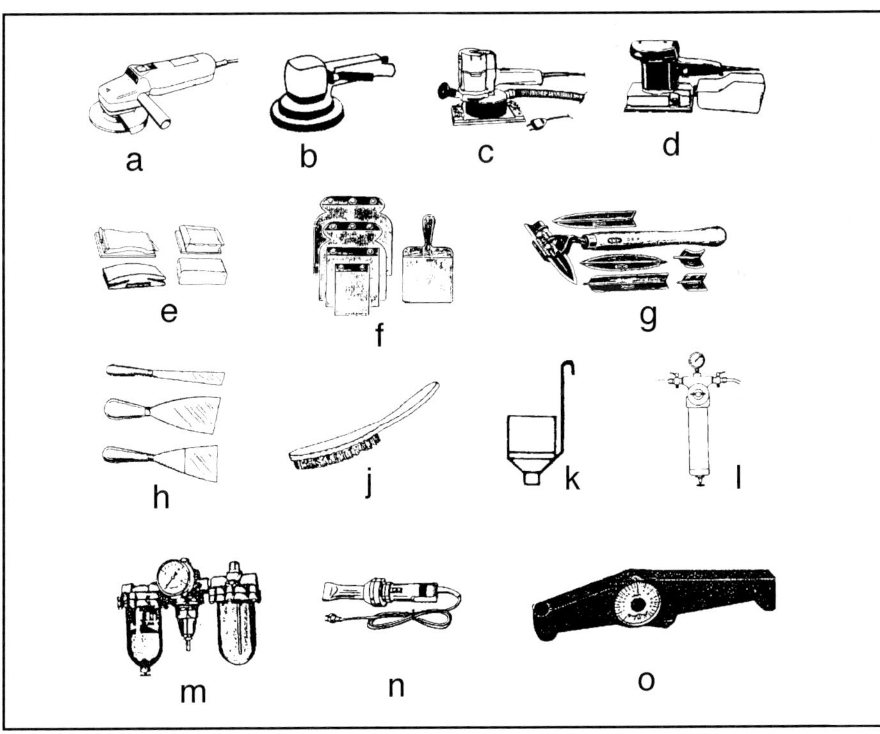

12.1 ____ Schwingschleifer mit Staubabsaugung
12.2 ____ Japanspachteln
12.3 ____ Öl-, Wasserabscheider, Druckregler
12.4 ____ Schichtdicken-Messgerät
12.5 ____ Excenterschleifer
12.6 ____ Stielspachteln
12.7 ____ Heißluftgebläse
12.8 ____ Mini-Schwingschleifer mit Staubsack
12.9 ____ DIN-Becher
12.10____ Schleifklötze
12.11____ Winkelschleifer
12.12____ Dreikantschaber
12.13____ Wartungseinheit, Öl-, Wasserabscheider, Druckregler, Öler
12.14____ Drahtbürste

---

## 13. Die Einsatzgebiete der zuvor abgebildeten Maschinen, Werkzeuge und Geräte sind zu bestimmen.

13.1 ____ Zerstörungsfreie Schichtdickenmessung von Beschichtungs-Trockenfilmen
13.2 ____ Zum groben Entrosten, Abtragen von hohen Schichtdicken, Einsatz im Karosserie-Instandsetzungsbereich
13.3 ____ Manuelles Entrosten, Abtragen von Lackierungsschichten mit auf das jeweilige Einsatzgebiet angepaßten Klingen
13.4 ____ Aufziehen der verschiedensten Spachtelmassen
13.5 ____ Zur Viskositätsbestimmung von flüssigen Beschichtungsstoffen
13.6 ____ Reinigen der Druckluft und Einstellen des Betriebsdruckes
13.7 ____ Schleifen von Untergründen, Füller und Lackschichten im Feinschliff
13.8 ____ Abstoßen von lose sitzenden Lackierschichten, Hilfsmittel beim Vermischen von größeren Spachtelmengen
13.9 ____ Schleifen von Untergründen im groben und feineren Bereich, planebenes Schleifen von Spachtelstellen
13.10____ Hilfsmittel zum Abziehen von aufgeklebten Folien, Zierstreifen, Klebebuchstaben
13.11____ Schleifen mit geringer Flächenleistung
13.12____ Reinigen der Druckluft, Einstellen des Betriebsdrucks, automatisches Ölen von druckluftbetriebenen Maschinen
13.13____ Zum planebenen Schleifen von Hand

---

## 14. Die abgebildeten Geräte sind ihrer Bezeichnung zuzuordnen.

14.1 ____ Waschmuschel
14.2 ____ Industriestaubsauger
14.3 ____ Spachteldosierer
14.4 ____ Papierpresse
14.5 ____ Infrarot-Trockenwand
14.6 ____ Lackierständer
14.7 ____ Strahlgerät
14.8 ____ Hochdruckreiniger
14.9 ____ Abdeckgerät
14.10____ Infrarot-Strahler

---

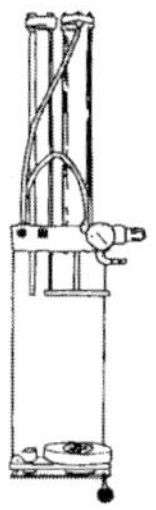

a

b

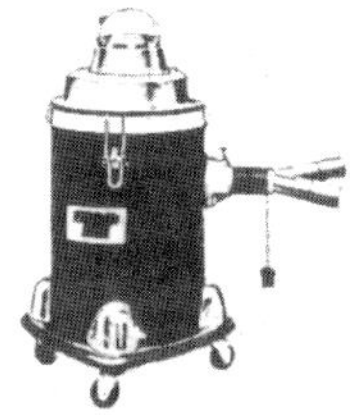

c

d

e

f

g

h

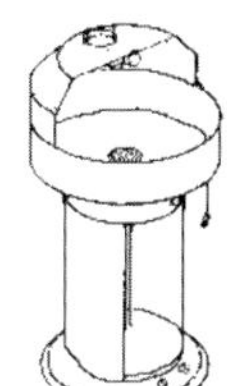

j

k

**15. Die vorstehend abgebildeten Geräte sind ihrem Verwendungszweck zuzuordnen.**

15.1 ____ Rationelles Reinigen von Spritzpistolen, ohne Belästigung durch Lösemittel

15.2 ____ Portionieren von Spachtelmassen mit genau dosierter Härterzugabe

15.3 ____ Trocknen von ganzen Fahrzeugteilen außerhalb der Trockenkabine

15.4 ____ Lackieren von losen Fahrzeugteilen

15.5 ____ Entwachsen von Neufahrzeugen, Reinigen von Fahrzeugen, besonders im Bereich des Unterbodens und der Fahrgestelle

15.6 ____ Absaugen gesundheitsschädlicher Stäube bei Schleifarbeiten

15.7 ____ Wirtschaftliche Volumenverringerung von Papierabfällen

15.8 ____ Trocknen von Spachtelstellen, Füllerstellen und kleinen Lackierflächen

15.9 ____ Konfektionieren von Abdeckpapier mit Kleberand

15.10 ____ Strahlen von Großobjekten, z. B. LKW-Fahrgestelle

## 16. Die Bestandteile des Spachteldosiergeräts sind ihrer Bezeichnung zuzuordnen.

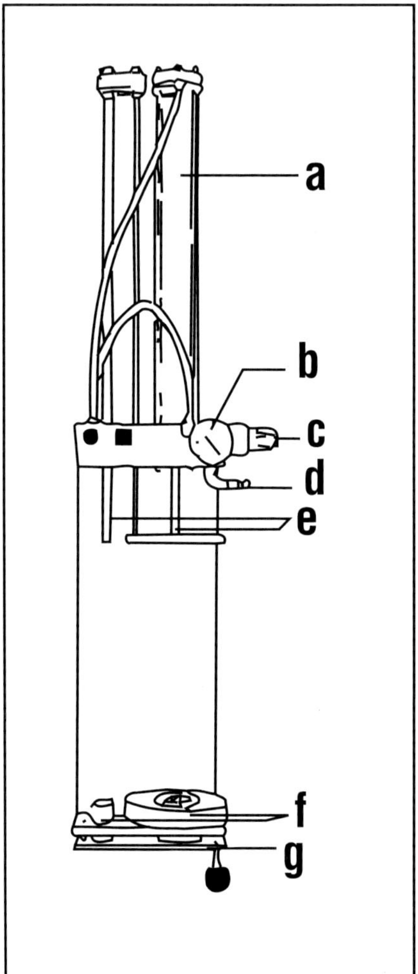


16.1 ____ Druckluftanschluß
16.2 ____ Manometer
16.3 ____ Druckzylinder
16.4 ____ Abschneideplatte
16.5 ____ Druckregler
16.6 ____ Kartuschen-/Härteraufnahme
16.7 ____ Schubstangen

## 17. Die Bestandteile des Schwingschleifers sind ihren Bezeichnungen zuzuordnen.

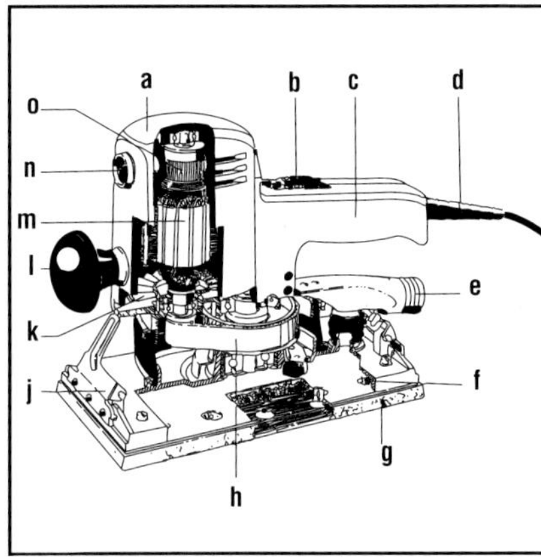


17.1 ____ Handgriff
17.2 ____ Absauglöcher
17.3 ____ Schiebeschalter
17.4 ____ Kollektor
17.5 ____ Kabelschutz
17.6 ____ Zahnriemenantrieb
17.7 ____ Kunststoff-Gehäuse
17.8 ____ Haltegriff
17.9 ____ Schleifkohlen-Halter
17.10____ Elektro-Motor
17.11____ Lüfterrad
17.12____ Staubabsaugung
17.13____ Auswechselbare Schleifplatte
17.14____ Schleifpapierhalter

**18. Die Teile einer kombinierten Spritzkabine mit Farbnebel-Trockenabscheidung sind ihrer Bezeichnung zuzuordnen.**

18.1 ____ Bodenroste
18.2 ____ Abdunstrohr
18.3 ____ Öl-, Gasbrenner
18.4 ____ Decken / Luftkanal
18.5 ____ Beleuchtungseinrichtung
18.6 ____ Rauchgasrohr
18.7 ____ Lufterhitzer
18.8 ____ Farbnebelabscheidung
18.9 ____ Deckenfilter
18.10____ Umluftventilator
18.11____ Abluftführung
18.12____ Ausblaskopf
18.13____ Abluft/Umluftkanal

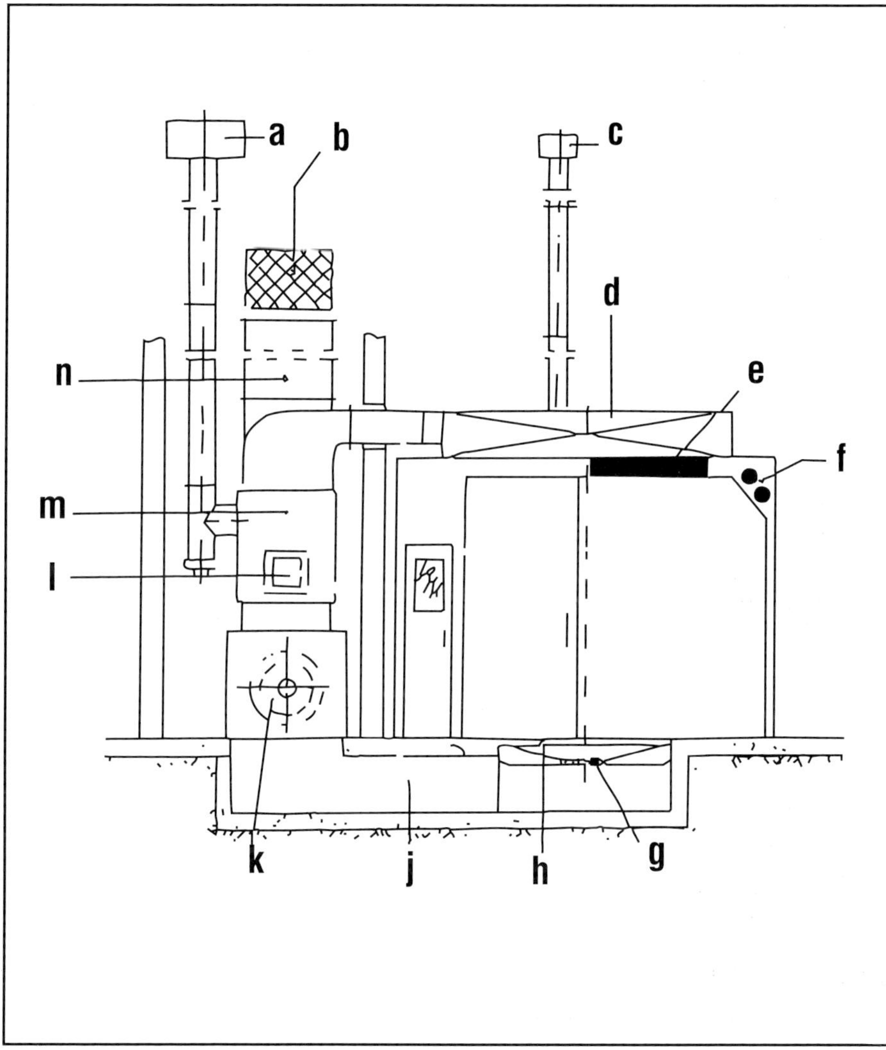

## 19. Die Bestandteile der Farbnebel-Naßabscheidung sind zuzuordnen.

19.1 ____ Schlammfang
19.2 ____ Umwälzpumpe
19.3 ____ Farbnebelauswaschung
19.4 ____ Bodenroste
19.5 ____ Wasserbecken mit Überlauf

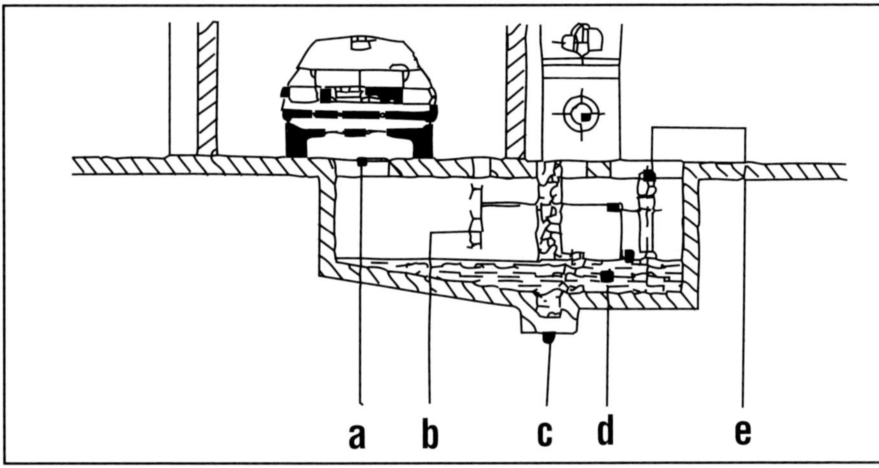


## 20. Die Bestandteile einer Anlage zur Drucklufterzeugung sind zuzuordnen.

20.1 ____ Windkessel
20.2 ____ Zylinderkopf
20.3 ____ Druckregler / Öl-, Wasserabscheider / Feinfilter
20.4 ____ Antrieb / Elektromotor
20.5 ____ Anschluß / Ringleitung
20.6 ____ Ölstandsauge
20.7 ____ Luftpresser
20.8 ____ Automatische Kondensatentleerung
20.9 ____ Sicherheitsventil
20.10 ____ Wartungseinheit: Öl-, Wasserabscheider, Druckregler, Öler
20.11 ____ Membran-Schalter
20.12 ____ Kondensat-Sammelbehälter

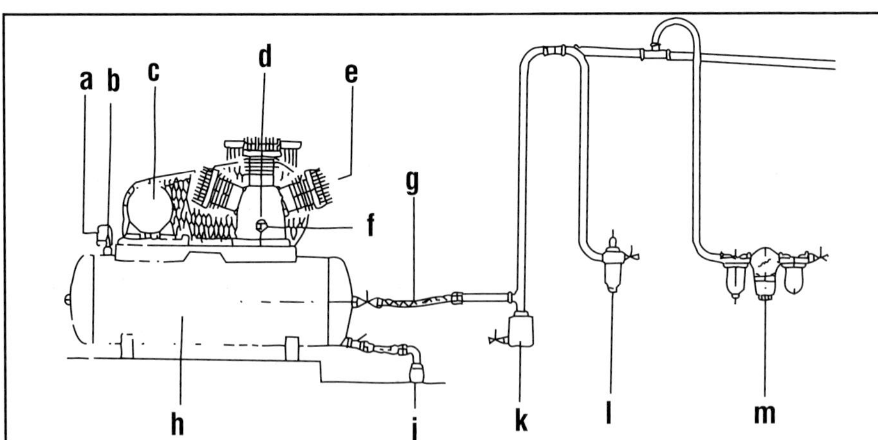

**21. Die Bestandteile der Luftreiniger- und Regeleinheit sind ihrer Bezeichnung zuzuordnen.**

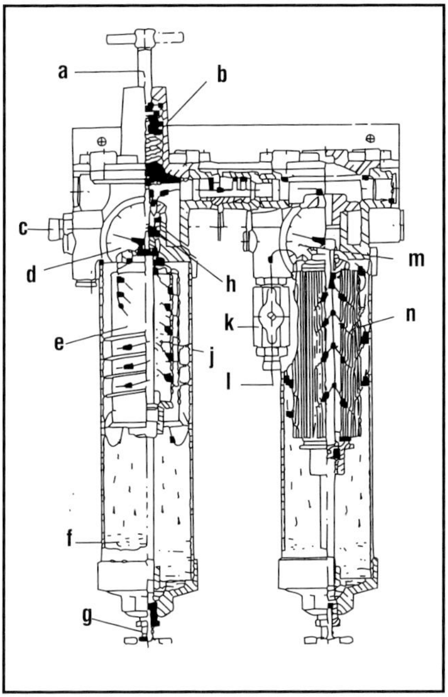


21.1 ____ Drallkörper
21.2 ____ Druckminderer-Armatur
21.3 ____ Feinfilter-Element
21.4 ____ Druckregel-Ventil
21.5 ____ Sinterbronce-Filter
21.6 ____ Druckregelschraube
21.7 ____ Manometer / Ausgangsdruck
21.8 ____ Kondensat
21.9 ____ Gereinigte, geregelte Ausgangsluft
21.10 ____ Manometer / eingestellter Druck
21.11 ____ Kondensat-Entleerung
21.12 ____ Eingangsluft
21.13 ____ Absperrhahn

---

**22. Die Anschlußstücke sind ihrer Funktion zuzuordnen.**

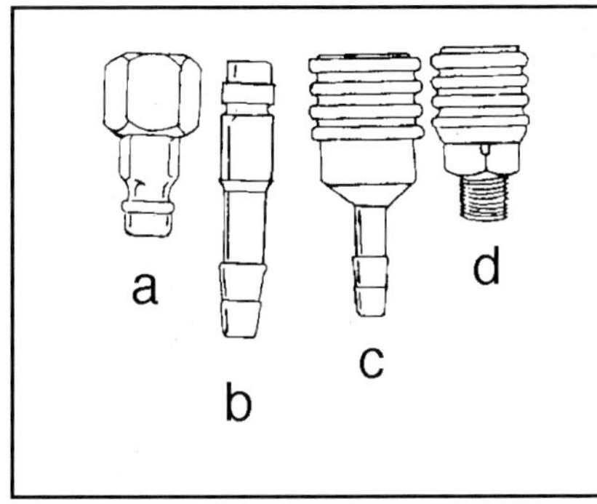


22.1 ____ Schnellkupplung-Schlauch / Pistole
22.2 ____ Pistolen-Anschluß
22.3 ____ Schnellkupplung - Luftleitung / Luftschlauch
22.4 ____ Luftschlauch-Anschluß

---

**23. Die Reinigungs- und Pflegearbeiten sind den jeweiligen Maschinen, Geräten oder Anlagen zuzuordnen.**

a Kompressor
b Spritzpistole
c Airless-Pistole
d Elektrische Schleifmaschine
e Druckluft-Schleifmaschine
f Staubsauger
g Öl- und Wasserabscheider
h Lackierkabine
i Infrarot-Strahler

23.1 ____ Nach Bedienungsanleitung ölen
23.2 ____ Nach Spritzarbeit mit Lösemittel reinigen
23.3 ____ Staubsack nach Bedarf reinigen
23.4 ____ Kondensat ablassen
23.5 ____ Vor dem Reinigen Druck abbauen
23.6 ____ Ölstand prüfen
23.7 ____ Schleifkohlen wechseln
23.8 ____ Vor Wasserspritzer schützen
23.9 ____ Filtermatten nach Bedarf wechseln

---

# Atemschutz

**24. Die einzelnen Bestandteile des Atemschutz-Sets sind ihrer Funktion zuzuordnen.**

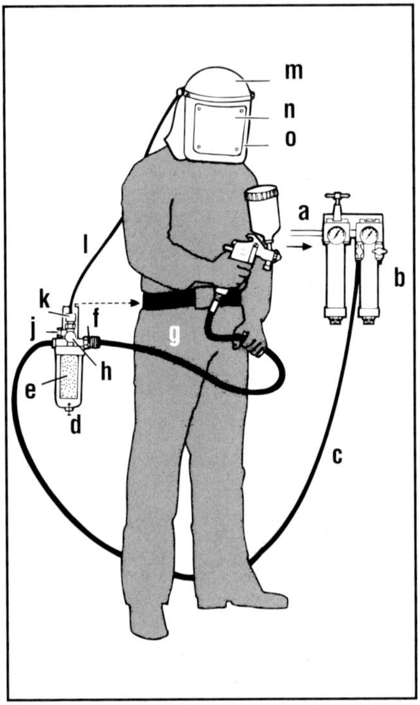


24.1 ____ Überdruck-Sicherheitsventil
24.2 ____ Druckluft-Zuführungsschlauch
24.3 ____ Belüftete Atemschutzhaube
24.4 ____ Aktivkohle-Adsorber
24.5 ____ Luftversorgungssystem
24.6 ____ Schnellkupplung für Atemschlauch
24.7 ____ Öl- und Kondensat-Ablaßventil
24.8 ____ Regelventil für Atemluft
24.9 ____ Druckluftfilter
24.10 ____ Schnellkupplung für Pistolenanschluß
24.11 ____ Auswechselbare Folie
24.12 ____ Pistolen-Luftschlauch
24.13 ____ Hochstellbares Sichtfenster
24.14 ____ Atemschlauch

# Eigenschaften und Vorbehandlung von Untergründen

**25. Welcher Untergrund ist anorganisch und frei von Poren und Kapillaren?**

a ☐ Holz
b ☐ Beton
c ☐ Putz
d ☐ Glas

---

**26. Welche Hauptbestandteile haben die in Mitteleuropa wachsenden Holzarten?**

a ☐ Borke und Kambium
b ☐ Harz und Lignin
c ☐ Zellulose und Lignin
d ☐ Holzinhaltstoffe und Lignin

---

**27. Welche der folgenden Eigenschaften besitzt Holz?**

a ☐ Holz ist porenfrei
b ☐ Holz nimmt Feuchtigkeit auf und ist Temperaturschwankungen unterworfen
c ☐ Holz verändert sich nicht bei Temperaturschwankungen
d ☐ Holz verändert sich nicht bei Witterungseinflüssen

---

**28. Wie nennt man die Veränderung von Holz beim Trocknen?**

a ☐ Quellen
b ☐ Schwinden
c ☐ Volumenvergrößerung
d ☐ Reißen

---

**29. Was bedeutet die Aussage „Holz arbeitet"?**

a ☐ Blaufärbung bei unsachgemäßer Grundierung
b ☐ Empfindlichkeit gegen Insektenbefall
c ☐ Schwund- und Quellfähigkeit durch Feuchtigkeitsveränderungen
d ☐ Geräusche von Schädlingen im Holz

---

**30. Welches Holz muß vorbeugend vor Bläuepilz geschützt werden?**

a ☐ Laubholz
b ☐ Nadelholz
c ☐ Holzspanplatten
d ☐ tropisches Hartholz

---

**31. Mit welchem Mittel muß ein Pritschenaufbau aus Nadelholz unbedingt vorbehandelt werden?**

a ☐ Mit einem Spritzspachtel
b ☐ Mit einem Wash-Primer
c ☐ Mit einem Grundierfüller
d ☐ Mit einem Bläueschutzmittel

---

**32. Welche Holzfeuchtigkeit darf Nadelholz nicht übersteigen, wenn es lackiert werden soll?**

a ☐ 5%
b ☐ 10%
c ☐ 12%
d ☐ 15%

---

**33. Welchen Holzfeuchtigkeitsgehalt darf Laubholz für eine Beschichtung nicht übersteigen?**

a ☐ 8%
b ☐ 10%
c ☒ 12%
d ☐ 18%

---

**34. Welche Folgen hat ein zu hoher Feuchtigkeitsgehalt im Holz?**

a ☐ die Feuchtigkeit führt zur Harzbildung
b ☐ die Feuchtigkeit setzt Gerbsäure frei
c ☒ Feuchtigkeit führt zu Quell- und Schwundbewegungen
d ☐ weil bei zu hoher Feuchtigkeit der Beschichtungsstoff abperlt

---

**35. Wo mißt man mit einem elektrischen Feuchtigkeitsmesser die Holzfeuchtigkeit?**

a ☐ An der Oberfläche des Holzes
b ☐ In der Mitte der Holzdicke
c ☐ An den Stellen die feucht sind
d ☒ An mehreren Stellen in mindestens 5 mm Tiefe

---

**36. Wie werden Harzgallen in Laubhölzern behandelt?**

a ☐ Überziehen mit UP-Spachtel
b ☐ Entfernen mit Abbeizfluid
c ☒ Ausbrennen und mit UP-Spachtel ausflecken
d ☐ Auswaschen mit Siliconentferner

---

**37. Wie sind Bordwände aus Holz zu behandeln?**

a ☐ Holz ist mit Zinkstaubfarbe zu grundieren
b ☐ Holz ist mit verdünntem Acryllack zu grundieren
c ☒ Holz ist mit EP-Grundierfüller zu grundieren
d ☐ Holz ist mit Haftprimer zu grundieren

---

**38. Was gilt für die Schichtdicke des Spachtels auf Holz?**

a ☐ Es darf überhaupt nicht gespachtelt werden
b ☒ Wenn gespachtelt werden muß, dann möglichst dünn
c ☐ Der Spachtelauftrag kann beliebig dick sein
d ☐ Der Spachtelauftrag muß mindestens 100 µm betragen

---

**39. Welcher Lack eignet sich am Besten zum Lackieren von Holz ?**

a ☐ Acryllack
b ☐ Alkydharzlack
c ☒ Epoxidharzlack
d ☐ Polyesterlack

---

**40. Welche Methode ist für das Entfernen einer alten Lackierung auf Holz nicht geeignet?**

a ☐ Abbeizen mit Abbeizfluid
b ☐ Abbeizen mit Abbeizpaste
c ☐ Abschleifen mit Trockenschleifpapier
d ☒ Abschleifen mit Naßschleifpapier

---

**41. Bei welchem Untergrund können Inhaltsstoffe die Beschichtung beeinflussen?**

a ☐ Stahlblech
b ☐ Aluminium
c ☒ tropisches Holz
d ☐ Verzinktem Stahlblech

---

**42. Welches ist das Ausgangsprodukt von Stahlblech?**

a ☐ Steinkohle
b ☐ Braunkohle
c ☒ Eisenerz
d ☐ Koks

---

**43. Wie dick ist das Karosserieblech eines Fahrzeugs in der Regel?**

a ☐ 0,3 mm
b ☒ 0,7 mm
c ☐ 1,2 mm
d ☐ 1,5 mm

---

**44. Bei welchem Metall bezeichnet man die Korrosionsprodukte als Rost?**

a ☐ Bei Aluminium
b ☐ Bei Kupfer
c ☐ Bei Zink
d ☒ Bei Stahlblech

---

**45. Mit welchem chemischen Stoff geht Stahlblech eine besonders innige Verbindung ein?**

a ☒ Mit Sauerstoff
b ☐ Mit Kohlenstoff
c ☐ Mit Stickstoff
d ☐ Mit Schwefeldioxid

---

**46. Welche Einflüsse führen zur Rostbildung von Stahlblech?**

a ☒ Luftsauerstoff in Verbindung mit Feuchtigkeit
b ☐ Einwirkung von Kohlensäure
c ☐ UV- Strahlen Einwirkung
d ☐ Verbindung mit Wasser

---

**47. Welche Umgebungsfaktoren beschleunigen die Rostbildung bei Stahlblech?**

a ☐ Kälte
b ☒ Saure Luft
c ☐ Staubablagerungen
d ☐ UV- Strahlung

---

**48. Wodurch wird bei Unterrostung die Beschichtung auf einem Stahlblechuntergrund hochgedrückt ?**

a ☐ Durch Verdunsten des Wassers
b ☐ Durch Spannungen im Stahl
c ☐ Durch Aufblähen der Rostschutzbeschichtung
d ☒ Durch Volumenvergrößerung beim Rostvorgang

---

**49. Bei welcher Einwirkung reagiert Stahlblech durch Veränderung seines Volumens?**

a ☐ Bei Feuchtigkeit
b ☒ Bei Kälte und Wärme
c ☐ Bei Tau und Regenwasser
d ☐ Bei Behandlung mit Lösemittel

---

**50. Wie wird das schnelle Rosten von Stahlblech verhindert?**

a ☐ Durch Schleifen
b ☐ Durch Neutralisieren
c ☒ Durch Passivieren
d ☐ Durch Imprägnieren

---

**51. Was bedeutet „Walzhaut" bei der Herstellung von Stahlblech?**

a ☐ Pressränder vom Auswalzen
b ☐ Trennmittel, das zum Walzen des Blechs gebraucht wird
c ☐ Korrosionsprodukt auf dem Blech vom Freilagern
d ☒ Oxidschicht, die sich beim Abkühlen von gewalztem Stahl bildet

---

**52. Die nachfolgend genannten Korrosionsschutzmaßnahmen sind ihren Einsatzgebieten zuzuordnen.**

Schutzmaßnahmen:
a Konversionsschichten
b Metallüberzüge
c Organische Überzüge

52.1 c Lackieren
52.2 a Eloxieren
52.3 c Kunststoffbeschichten
52.4 b Galvanisieren
52.5 a Metallspritzen
52.6 b Chromatieren
52.7 c Aufbringen von Unterbodenschutz
52.8 a Phosphatieren
52.9 b Aufdampfen
52.10 a Passivieren
52.11 c Pulverbeschichten
52.12 b Tauchen in Metallschmelze

---

### 53. Wie entsteht Kontaktkorrosion?

a ☐ Wenn drei Metalle zusammen legiert werden
b ☐ Wenn zwei Metalle zusammengeschweißt werden
c ☒ Wenn sich zwei verschiedenartige Metalle berühren
d ☐ Wenn zwei Metalle zusammen legiert werden

---

### 54. Was geschieht bei einer Kontaktkorrosion?

a ☐ Es bildet sich eine neue Metall-Legierung
b ☐ Es bildet sich eine schützende Oxydschicht
c ☐ Das edle Metall wird aufgelöst
d ☒ Das unedle Metall wird aufgelöst

---

### 55. Wie entsteht beim Stahlblech Kontaktkorrosion?

a ☐ Durch Kontakt mit Kunststoffen
b ☒ Durch Kontakt mit Metallen
c ☐ Durch Kontakt mit Säuren
d ☐ Durch Kontakt mit Wasser

---

### 56. Wie heißt die abgebildete Korrosion bei Stahlblech?

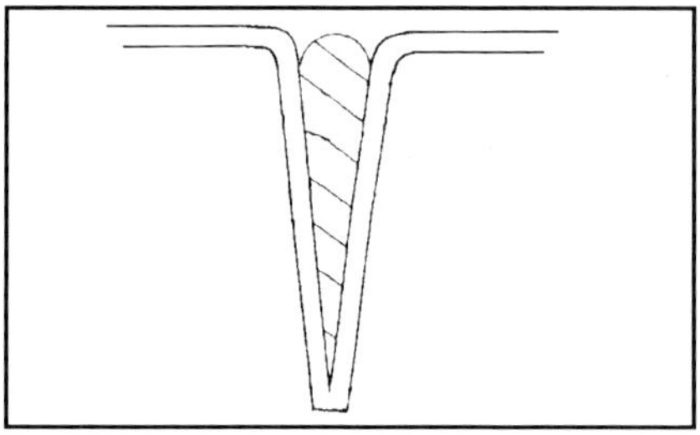

a ☐ Kontaktkorrosion
b ☒ Spaltkorrosion
c ☐ Flächenkorrosion
d ☐ Lochfraß (Pitting)

---

### 57. Die Abbildungen sind der jeweiligen Erscheinungsform der Korrosionsarten zuzuordnen

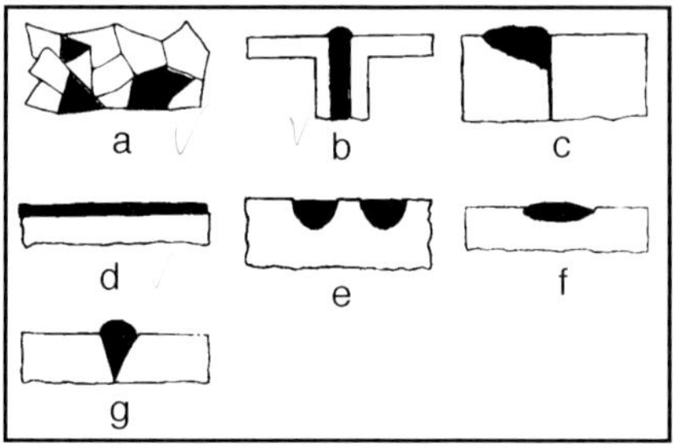


57.1 d Flächenkorrosion
57.2 c Lochfraßkorrosion
57.3 f Narbenkorrosion
57.4 g Spaltkorrosion
57.5 b Kontaktkorrosion
57.6 a Interkristalline Korrosion
57.7 e Selektive Korrosion

---

### 58. Was bedeutet Bondern oder Phosphatieren von Stahlblechen?

a ☐ Die Oberfläche glätten
b ☐ Entfernen von Herstellungsresten
c ☐ Neutralisieren des Untergrundes
d ☒ Schutz vor Unterrostung

---

**59. Mit welchem Stoff wird Stahlblech gebondert?**

a ☐ Mit verdünnter Salzsäure
b ☐ Mit verdünnter Schwefelsäure
c ☒ Mit verdünnter Phosphorsäure
d ☐ Mit verdünnter Ammoniaklösung

---

**60. Was geschieht beim Phosphatieren von Stahlblechen?**

a ☐ Die Walzhaut löst sich ab
b ☐ Die Oberfläche wird entfettet
c ☒ Auf der Oberfläche bilden sich unlösliche Eisen- und Zinkphosphate
d ☐ Die Metalloberfläche wird porös

---

**61. Wie wird Stahlblech zum Grundieren vorbereitet?**

a ☒ Entfetten, entrosten und trocken machen
b ☐ Mit Waschverdünnung abreiben
c ☐ Mit Schleifpfad anschleifen
d ☐ Mit Netzmittel reinigen

---

**62. Welches Material ist zum Grundieren von Stahlblech geeignet?**

a ☐ Transparenzfüller
b ☐ PUR-Haftgrund
c ☒ Alle 2K-Grundierungen
d ☐ KH-Schnellfüller

---

**63. Wodurch wird die Haftung eines Beschichtungsaufbaus bei Stahlblech verbessert?**

a ☐ Durch Reinigen mit Siliconentferner
b ☒ Durch phosphorsäurehaltige Grundmaterialien
c ☐ Durch Entfetten
d ☐ Durch Reinigen mit Waschverdünnung

---

**64. Welcher Metalluntergrund widersteht auch ohne Beschichtung den Witterungseinflüssen am besten?**

a ☐ Reines Aluminiumblech
b ☐ Gebondertes Stahlblech
c ☐ Reines Stahlblech
d ☒ Verzinktes Stahlblech

---

**65. Weshalb werden Stahlbleche verzinkt?**

a ☒ Um einen besseren Korrosionsschutz zu erhalten
b ☐ Um die mechanische Widerstandskraft zu erhöhen
c ☐ Um eine bessere Oberflächenglätte zu erzielen
d ☐ Um die Haftung der nachfolgenden Beschichtung zu verbessern

---

**66. Welche Verzinkungsart wird am häufigsten bei Karosserieblechen angewendet?**

a ☒ Feuerverzinken
b ☐ Galvanisches Verzinken
c ☐ Spritzverzinken
d ☐ Statisches Verzinken

---

**67. Wie dick ist die Zinkauflage bei sendzimierter Verzinkung (Stückverzinkung)?**

a ☐ 10 µm
b ☒ 20 µm
c ☐ 40 µm
d ☐ 100 µm

---

**68. Welches Korrosionsprodukt bildet Zink?**

a ☐ Zinksäure
b ☐ Zinkseife
c ☐ Zinkharz
d ☒ Zinkoxid

---

## 69. Wie erklärt sich die Schutzwirkung von Zink auf Stahl?

a ☐ Der höhere Glanzgrad von Zink schützt vor Rostbildung
b ☐ Zink reflektiert besser die UV-Strahlen
c ☒ Zink ist unedler als Stahl,das bewirkt die Schutzwirkung durch Selbstabbau
d ☐ Zink ist edler als Stahl und bewirkt durch seine Haltbarkeit den Schutz

---

## 70. Weshalb verwendet man verzinkte Stahlbleche im Fahrzeugbau?

a ☐ Um die Hafteigenschaften des Lackierungsaufbaus zu verbessern
b ☐ Um Spachtelarbeiten einzusparen
c ☐ Um das Füllen einzusparen
d ☒ Um den Korrosionsschutz zu verbessern

---

## 71. Wie sind verzinkte Stahlbleche zu erkennen?

a ☐ An der glatten Oberfläche
b ☒ Durch Magnetprobe
c ☐ Am Farbton
d ☐ Am Gewicht

---

## 72. Wie kann man verzinkte Bleche erkennen?

a ☐ Durch Gitterschnitt
b ☐ Durch Kratzprobe
c ☐ Durch Schleiftest
d ☒ Durch Probe mit Magnet

---

## 73. Woran sind feuerverzinkte Stahlbleche optisch zu erkennen?

a ☐ Am höheren Gewicht gegenüber von Stahlblech
b ☐ An der Dicke des Bleches
c ☐ An der Dicke der Zinkbeschichtung
d ☒ Am Zinkblumeneffekt der Oberfläche

---

## 74. Was ist Zinkblume?

a ☐ Korrosionserscheinung bei Zinkblech
b ☒ Typische Erscheinungsform bei der Feuerverzinkung
c ☐ Ausschwimmerscheinung bei Einschicht-Metallics
d ☐ Reflektionseffekt bei Metallic-Lackierungen

---

## 75. Weshalb sind verzinkte Stahlbleche bei der nachfolgenden Beschichtung problematisch?

a ☐ Wegen ihrer hohen Elastizität
b ☐ Wegen ihrer hohen Zinkschichtdicke
c ☒ Wegen der chemischen Oxid- und Sulfatbildung an der Oberfläche
d ☐ Wegen der hohen Wärmeaufnahme

---

## 76. Wie sind verzinkte Stahlbleche vorzubehandeln?

a ☐ Anschleifen
b ☐ Dampfstrahlen
c ☒ Entfetten mit Ammoniaknetzmittel
d ☐ KeineVorbehandlung nötig

---

## 77. Mit welchem Material werden verzinkte Stahlbleche grundiert?

a ☐ Mit Dickschichtfüller
b ☐ Mit Transparenzfüller
c ☒ Mit EP-Grundierfüller
d ☐ Mit 1K-Grundierfüller

---

## 78. Warum darf bei verzinktem Stahlblech keine phosphorhaltige Grundierung eingesetzt werden?

a ☒ Phosphorsäure zerstört die Zinkstruktur
b ☐ Phosphorsäurehaltige Grundierungen mindern die Elastizität auf verzinktem Stahlblech
c ☐ Phosphorsäurehaltige Grundierungen mindern dieHaftfähigkeit auf verzinktem Stahlblech
d ☐ Zink-Phosphorsäureverbindungen schlagen (verfärben) durch die Decklackierung

---

**79. Welcher Decklack eignet sich besonders zur Lackierung auf verzinkten Stahlblechen?**

a ☐ Alle üblichen Decklacke
b ☒ 2K-Acryl-Lacke
c ☐ Alkydharzlacke
d ☐ Nur PUR-Lacke

---

**80. Die Abbildungen sind den jeweiligen Verzinkungs- oder Schutzarten zuzuordnen**

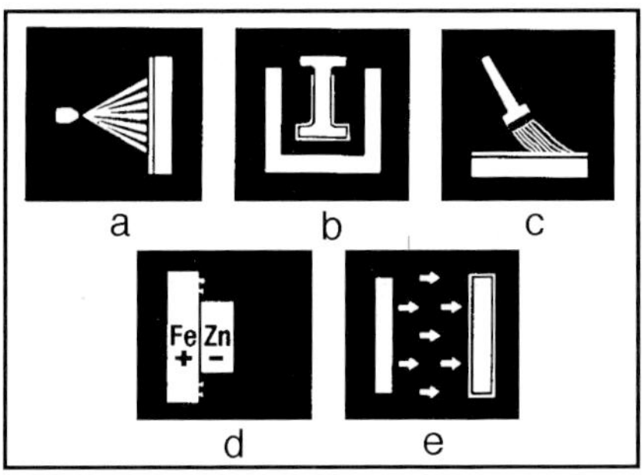


80.1 c Feuerverzinken, Stückverzinken, Sendzimirverzinken
80.2 e Galvanisches Verzinken
80.3 a Spritzverzinken
80.4 c Zinkstaubbeschichten
80.5 d kathodischer Korrosionsschutz

---

**81. Bei welchem Metall wird das Korrosionsprodukt als Weißrost bezeichnet?**

a ☐ Kupfer
b ☐ Messing
c ☐ Aluminium
d ☒ Zink

---

**82. Wie heißt das Korrosionsprodukt von ungeschütztem Aluminium?**

a ☐ Aluminiumcarbonat
b ☐ Aluminiumsilikat
c ☒ Aluminiumoxid
d ☐ Aluminiumglanz

---

**83. Weshalb korrodiert eine Alu-Legierung leichter als Reinaluminium?**

a ☒ Weil die Legierung besonders viel Sauerstoff aufnimmt
b ☐ Weil der Metallanteil bei der Legierung überwiegt
c ☐ Weil die Legierung verstärkt Kohlendioxid aufnimmt
d ☐ Durch den Metallanteil der Legierung

---

**84. Wodurch wird die Haftung von Beschichtungen auf Aluminiumblech erschwert?**

a ☐ Durch die rauhe Oberfläche
b ☒ Durch die glatte Oberfläche
c ☐ Durch die glänzende Oberfläche
d ☐ Durch die matte Oberfläche

---

**85. Welche Vorbehandlung ist zur besseren Haftung der Beschichtung auf Alu-Blechen notwendig?**

a ☐ Anrauhen mit der Stahldrahtbürste
b ☐ Feinstrahlen
c ☐ Abwaschen mit Reinigungsverdünnung
d ☒ Entfetten und Anschleifen

---

**86. Womit kann man Alu-Bleche entfetten?**

a ☐ Mit verdünnter Salzsäure
b ☐ Mit destilliertem Wasser
c ☐ Mit Waschverdünnung
d ☒ Mit Hochdruckreiniger und Reinigungsmittelzusatz

---

**87. Wie wird Alu-Blech zur Lackierung vorbereitet?**

a ☐ Grundierfüller spritzen
b ☒ Bleche entfetten, schleifen und grundieren
c ☐ Bleche mit Wasser spülen und trocknen
d ☐ Neutralisieren und grundieren

---

**88. Wie sind Nietreihen bei Alu-Aufbauten anzurauhen?**

a ☐ Mit Schleifscheiben
b ☐ Mit der Messingdrahtbürste
c ☒ Mit grobem Schleifpad
d ☐ Mit Stahlwolle

---

**89. Womit ist Alu-Blech zu grundieren?**

a ☐ Mit Transparenzfüller
b ☐ Mit Zinkchromatgrund
c ☒ Mit EP-Grundierfüller
d ☐ Mit Spritzplastic

---

**90. Weshalb wird Alu-Blech im Fahrzeugbau verwendet?**

a ☐ Alu-Blech ist elastisch wie Kunststoff
b ☐ Alu-Blech bringt bessere Luftwiderstandsbeiwerte
c ☐ Legiertes Alu-Blech verlängert die Lebensdauer der Beschichtung
d ☒ Alu-Blech spart erheblich an Gewicht

---

**91. Was sind Strangprofile bei Alu-Bordwänden?**

a ☒ Alu-Profile in Nut und Feder
b ☐ Besonders harte Alu-Legierung
c ☐ Flache Alu-Außenbleche
d ☐ Alu kombiniert mit Metallbeschlägen

---

**92. Welcher Stoff kann sich statisch aufladen?**

a ☐ Holz
b ☐ Glas
c ☒ Kunststoff
d ☐ Gummi

---

**93. Welches Element (Grundstoff) ist am Aufbau von Kunststoffen immer beteiligt?**

a ☒ Sauerstoff, O
b ☐ Kohlenstoff, C
c ☐ Schwefel, S
d ☐ Phosphor, P

---

**94. Welche Hauptmerkmale werden bei der Einteilung von Kunststoffen berücksichtigt?**

a ☐ Leicht und schwer
b ☐ Beständig und unbeständig
c ☒ Hart und elastisch
d ☐ Stabil und instabil

---

**95. Welche Eigenschaften haben Duroplaste (Duromere)?**

a ☒ Duroplaste sind hart und erweichen auch bei hohen Temperaturen nicht
b ☐ Duroplaste sind nach der Aushärtung hart, erweichen aber bei Temperaturanstieg
c ☐ Duroplaste sind dauerelastisch und werden bei Temperaturanstieg spröde
d ☐ Duroplaste gehen nach Zugbeanspruchung wieder in ihren ursprünglichen Zustand zurück

---

**96. Welchen Kunststoff bezeichnet man als Duroplast?**

a ☒ Ungesättigter Polyester
b ☐ Polyurethan
c ☐ Weich-PVC
d ☐ Acrylglas

---

**97. Welche Eigenschaften haben Elastomere?**

a ☐ Sie sind bei Normaltemperatur hart und nicht dehnbar
b ☐ Sie sind bei Normaltemperatur weich, lassen sich dehnen, nehmen aber ihre ursprüngliche Form nicht mehr an
c ☐ Sie sind bei Normaltemperatur spröde und werden bei niedrigen Temperaturen elastisch
d ☒ Sie sind bei Normaltemperatur weich und nehmen nach einem Dehnvorgang ihre ursprüngliche Gestalt wieder an

---

**98. Welchen Kunststoff bezeichnet man als Thermoplast?**

a ☒ Polyurethan
b ☐ Polyamid
c ☐ Polycarbonat
d ☐ Polypropylen

---

**99. Was ist das Hauptproblem beim Beschichten von Kunststoffen?**

a ☐ Glatte Oberfläche
b ☐ Rauhe Oberfläche
c ☒ Reste von Trennmitteln
d ☐ Geringe statische Aufladung

---

**100. Wodurch können beim Beschichten von Kunststoffen Haftungsprobleme auftreten?**

a ☐ Durch Zusätze von Elastifizierungsmitteln
b ☒ Durch Trennmittelrückstände
c ☐ Durch Lösemittelzusätze
d ☐ Durch falsche Temperatur beim Lackieren

---

**101. Welcher Kunststoff läßt sich am problemlosesten lackieren?**

a ☐ Kunststoff mit glatter Oberfläche
b ☐ Kunststoff mit rauher Oberfläche
c ☐ Thermoplastischer Kunststoff
d ☒ Glasfaserverstärkter Kunststoff

---

**102. Wovon ist die Behandlung von Kunststoffen vor der Lackierung abhängig ?**

a ☐ Von der Form des Kunststoffes
b ☐ Von der Elastizität des Kunststoffes
c ☐ Vom Lackmaterial
d ☒ Von der Art und der Oberflächenbeschaffenheit des Kunststoffes

---

**103. Welcher Kunststoff braucht eine Vorbehandlung mit Wärme vor der Beschichtung?**

a ☐ Ein elastischer Kunststoff
b ☐ Ein thermoplastischer Kunststoff
c ☒ Ein hygroskopischer Kunststoff
d ☐ Ein lösemittelempfindlicher Kunststoff

---

**104. Was bedeutet „tempern" von Kunststoffen?**

a ☐ Trennmittel entfernen
b ☒ Mit Wärme behandeln
c ☐ Elastifizieren des Decklacks
d ☐ Haftgrundierung aufbringen

---

**105. Wie wird ein lösemittelhaltiger Kunststoff vorbehandelt?**

a ☒ Mit Wasser
b ☐ Mit Siliconentferner
c ☐ Mit Reinigungsverdünnung
d ☐ Mit Spiritus

---

**106. Wie werden hygroskopische Kunststoffe vorbehandelt?**

a ☐ Sie werden mit Wasser gereinigt
b ☐ Sie bekommen eine Haftgrundierung
c ☐ Sie werden mit grobem Schleifpapier angeschliffen
d ☒ Sie werden getempert.

---

**107. Wie werden Kunststoffteile aus Polycarbonat (PC) gereinigt?**

a ☒ Mit Siliconentferner
b ☐ Mit Waschverdünnung
c ☒ Mit Wasser
d ☐ Mit Acrylverdünnung

---

**108. Welche bestimmten Eigenschaften haben Kunststoffteile aus Polyamid (PA)?**

a ☐ Sie sind schmutzabweisend
b ☐ Sie sind temperaturempfindlich
c ☒ Sie sind hygroskopisch
d ☐ Sie sind nicht überlackierbar

---

**109. Wie verhält sich der Untergrund von GF-UP (GFK)?**

a ☐ Er ist thermoplastisch
b ☒ Er ist absolut neutral
c ☐ Er ist temperaturempfindlich
d ☐ Er ist lösemittelempfindlich

---

**110. Mit welchem Material können Fehlstellen bei PUR - Untergründen ausgeglichen werden?**

a ☐ Mit Glasfaserspachtel
b ☒ Mit UP-Spachtel
c ☒ Mit PUR - Füller
d ☐ Mit Fillsealer

---

**111. Womit muß der Lack bei elastischen Kunststoffen zusätzlich versetzt werden?**

a ☐ Mit Spezialhärter
b ☒ Mit Weichmacher
c ☐ Mit Stabilisator
d ☐ Mit spezieller Verdünnung

---

**112. Welche Stoffe können bei Kunststoffen in die Oberfläche wandern und Lackierschäden verursachen?**

a ☐ Katalysatoren
b ☐ Stabilisatoren
c ☐ Pigmente
d ☒ Weichmacher

---

**113. Die Bezeichnung der Kunststoffe sind ihrer jeweiligen Abkürzung zuzuordnen.**

a ABS
b EP
c MF
d PA
e PBTB
f PC
g PE
h PF
j PMMA
k PP
l PP-EPDM
m PPO
n PS
o PUR
p PVC
q SI
r SR
s UP (GF-UP, GFK)

113.1 j Polymetylmethacrylat
113.2 b Epoxidharz
113.3 o Polyurethan
113.4 c Melaminharz
113.5 m Polyphenolenoxid
113.6 a Acryl-Butadien-Styrol
113.7 q Silicon-Kautschuk
113.8 f Polycarbonat
113.9 k Polypropylen
113.10 d Polyamid
113.11 s Ungesättigter Polyester
113.12 e Polybutylenterephtalat
113.13 n Polystyrol
113.14 r Polysulfid-Kautschuk
113.15 g Polyethylen
113.16 p Polyvenylchlorid
113.17 h Phenolharz
113.18 l Polypropylen-Kautschuk

---

# Werk- und Hilfsstoffe

## Chemische, physikalische Grundbegriffe

### 114. Zu welcher Art der Beanspruchung gehören Regen, Wärme und Kälte?

a ☐ Chemische Einwirkung
b ☒ Physikalische Einwirkung
c ☐ Mechanische Einwirkung
d ☐ Organische Einwirkung

---

### 115. Was ist unter Rost zu verstehen?

a ☐ Salzausblühung
b ☐ Chemische Schutzschicht
c ☐ Walzhaut
d ☒ Oxidiertes Eisen

---

### 116. Durch welchen Vorgang entsteht Rost?

a ☐ Durch einen elektrischen Vorgang
b ☐ Durch einen galvanischen Vorgang
c ☒ Durch einen physikalischen Vorgang
d ☐ Durch einen elektrochemischen Vorgang

---

### 117. Was ist unter Legierung zu verstehen?

a ☒ Gemisch aus verschiedenen Metallen
b ☐ Reines Edelmetall
c ☐ Gußeisen
d ☐ Metalloxid

---

### 118. Welcher Untergrund ist eine Metall-Legierung?

a ☐ Eisen
b ☐ Zink
c ☒ Kupfer
d ☐ Messing

---

### 119. Welches Metall ist kein Nichteisenmetall?

a ☐ Stahl
b ☒ Aluminium
c ☐ Zink
d ☐ Kupfer

---

### 120. Metalle können spanlos verarbeitet werden. Welches Verfahren zählt zur spanlosen Formung?

a ☐ Sägen
b ☐ Feilen
c ☐ Fräsen
d ☒ Falzen

---

### 121. Wie bezeichnet man die Korrosion, wenn sich zwei unterschiedliche Metalle berühren?

a ☐ Narbenkorrosion
b ☐ Spaltkorrosion
c ☒ Kontaktkorrosion
d ☐ Flächenkorrosion

---

### 122. Unter welchen Bedingungen kommt es zur Kontaktkorrosion?

a ☐ Wenn sich Stahl und Sauerstoff verbinden
b ☐ Wenn sich Stahl und Wasser berühren
c ☒ Wenn zwei verschiedene Metalle und Feuchtigkeit aufeinander treffen
d ☐ Wenn Kunststoff und Stahl in Berührung kommen

---

**123. Welche Korrosionsart tritt bei der Berührung eines edleren mit einem unedleren Metall unter Zutritt von Feuchtigkeit auf?**

a ☐ Selektive Korrosion
b ☐ Interkristalline Korrosion
c ☒ Kontaktkorrosion
d ☐ Spaltkorrosion

---

**124. Was ist unter dem Begriff „Kohäsion" zu verstehen?**

a ☐ Anhaftungsvermögen
b ☐ Klebekraft des Bindemittels
c ☐ Anziehungskraft der Pigmentteilchen
d ☒ Zusammenhangskraft

---

**125. Was sind Kapillare?**

a ☒ Haarröhrchen im Untergrund mit großer Saugkraft
b ☐ Hohlräume im Untergrund mit geringer Saugkraft
c ☐ Luftblasen im Beschichtungsfilm
d ☐ Durchgehende Risse im Beschichtungsfilm

---

**126. Wie nennt man das Aufsteigen von Flüssigkeiten durch Haarröhrchenwirkung im Untergrund?**

a ☐ Kohäsion
b ☐ Osmose
c ☒ Kapillarität
d ☐ Adhäsion

---

**127. Was bedeutet der Fachbegriff „Osmose"?**

a ☐ Die Fähigkeit eines Materials Luftfeuchtigkeit aufzunehmen
b ☐ Der Vorgang der Vernetzung eines Bindemittels
c ☒ Durchtreten von Flüssigkeiten durch einen Lackfilm
d ☐ Der Trockenvorgang von physikalisch trocknenden Materialien

---

**128. Was versteht man unter „Vernetzung"?**

a ☐ Molekularausbildung bei Bindemitteln
b ☐ Reinigungsmethode für Alu-Untergründe
c ☐ Vorbereitender Arbeitsgang bei verzinkten Stahlblechen
d ☒ Vermischen von Stammlack mit Härter und Zusatzstoffen

---

**129. Welchen Vorgang bezeichnet man als Sedimentation?**

a ☐ Die Pigmente verbinden sich mit dem Bindemittel
b ☐ Lösemittel und Bindemittel entmischen sich
c ☒ Die Pigmente setzen sich ab
d ☐ Die Bindemittel flocken aus

---

**130. Welche Eigenschaften haben hygroskopische Stoffe?**

a ☐ Sie sind wasserabweisend
b ☐ Sie sind besonders dickflüssig
c ☐ Sie sind im Wasser gelöst
d ☒ Sie ziehen aus der Luft Wasserdampf an

---

**131. Wie wird bei der Kathaphorese die zu grundierende Karosserie angeschlossen?**

a ☐ Sie wird an den Pluspol angeschlossen
b ☐ Sie wird geerdet
c ☒ Sie wird an den Minuspol angeschlossen
d ☐ Sie wird nicht geerdet

---

**132. Was ist unter einem reversiblen Anstrich zu verstehen?**

a ☐ Ein schlecht haftender Anstrich
b ☐ Ein lasierender Anstrich
c ☒ Ein wieder anlösbarer Anstrich
d ☐ Ein chemikalienbeständiger Anstrich

---

**133. Was versteht man unter dem Begriff „Analyse"?**

a ☐ Aufbau eines Stoffes aus mehreren Komponenten
b ☒ Zerlegung chemischerVerbindungen in ihre Bestandteile
c ☐ Vereinigung chemischer Stoffe zu einem Beschichtungsstoff
d ☐ Aufbau eines Makromoleküls

---

**134. Was ist unter dem chemischen Begriff „Neutralisation" zu verstehen?**

a ☐ Beseitigung von Salzen durch Lösen in Flüssigkeiten
b ☐ Verdünnung von Flüssigkeiten bis zu ihrer chemischen Wirkungslosigkeit
c ☐ Abspalten von Sauerstoff durch Wärmeeinwirkung
d ☒ Zusammenwirken von Säuren und Laugen bis kein saurer oder alkalischer Überschuß zurückbleibt und eine Salzlösung entsteht

---

**135. Beim Zusammengeben von Lauge und Säure entstehen Salzlösungen. Wie nennt man diesen Vorgang?**

a ☐ Addition
b ☒ Neutralisation
c ☐ Polymerisation
d ☐ Absorbtion

---

**136. Welche der folgenden chemischen Verbindungen ist ein Salz?**

a ☐ Eisenoxid
b ☐ Schwefeldioxid
c ☒ Natriumchlorid
d ☐ Aluminiumoxid

---

**137. Was bedeutet der Begriff „Filtrat"?**

a ☐ Eine Flüssigkeit, die zunächst verdampft und durch Abkühlen wieder verflüssigt wird
b ☐ Die durch ein Filterpapier durchgelaufene Flüssigkeit
c ☐ Eine Flüssigkeit, die durch Erhitzen gasförmig wird
d ☒ Der im Filterpapier zurückgebliebene Rückstand

---

**138. Wie heißt der chemische Vorgang bei der Trocknung von öligen Bindemitteln?**

a ☒ Oxidation
b ☐ Polymerisation
c ☐ Polykondensation
d ☐ Polyaddition

---

**139. Was ist unter dem chemischen Begriff „Oxidation" zu verstehen?**

a ☐ Salzbildung auf Metalloberflächen
b ☐ Reaktion chemischer Stoffe durch Wärme
c ☒ Verbindung eines Stoffes mit Sauerstoff
d ☐ Sauerstoffabspaltung aus einer chemischen Verbindung

---

**140. Wie nennt man die Verbindung eines Stoffes mit Sauerstoff?**

a ☒ Oxidation
b ☐ Kondensation
c ☐ Karbonisation
d ☐ Hydration

---

**141. Welchen Vorgang bezeichnet man als oxidative Trocknung bei Beschichtungsstoffen?**

a ☐ Aufnahme von Härtern
b ☒ Aufnahme von Sauerstoff
c ☐ Aufnahme von Kohlensäure
a ☐ Verdunstung von Lösemitteln

---

**142. Was versteht man unter dem Begriff „physikalische Trocknung"?**

a ☐ Trocknung durch Sauerstoffaufnahme
b ☐ Trocknung durch Aufnahme von Kohlensäure
c ☒ Trocknung durch Lösemittelabgabe
d ☐ Trocknung durch Aufnahme von Stickstoff

---

**143. Wie nennt man den physikalischen Vorgang, wenn sich die Pigmente in einem Beschichtungsstoff absetzen?**

a ☒ Sedimentation
b ☐ Reaktion
c ☐ Absorbtion
d ☒ Reduktion

---

**144. Was ist unter dem Begriff „Viskosität" zu verstehen?**

a ☐ Die Dehnbarkeit eines Anstrichfilms
b ☒ Die Dick- oder Dünnflüssigkeit eines Beschichtungsstoffes
c ☐ Der Verlauf eines Beschichtungsstoffes
d ☐ Die Elastizität eines Beschichtungsstoffes

---

**145. Was bedeutet der Begriff „hochviskos"?**

a ☐ Elastisch
b ☐ Geleeartig
c ☒ Zähflüssig
d ☐ Dünnflüssig

---

**146. Was bedeutet der Begriff „niedrigviskos"?**

a ☐ Thixotrop
b ☐ Wachsartig
c ☒ Dünnflüssig
d ☐ Pastenartig

---

**147. Was ist unter Viskosität eines Lackes zu verstehen?**

a ☐ Verdünnbarkeit mit Lösemitteln
b ☐ Verlauf eines Lackes
c ☐ Glanzvermögen eines Lackes
d ☒ Dick- oder Dünnflüssigkeit eines Lackes

---

**148. Was bedeutet der Begriff „Hygroskopisch"?**

a ☐ Kondenswasserbildend
b ☐ Lösemittelfest
c ☐ Feuchtigkeitsabweisend
d ☒ Feuchtigkeitsanziehend

---

**149. Welche Materialien werden als hygroskopisch bezeichnet?**

a ☐ Stoffe, die aus der Umgebungsluft kein Wasser aufnehmen
b ☐ Stoffe, die aus der Umgebungsluft Sauerstoff aufnehmen
c ☐ Stoffe, die mit Wasserdampf behandelt werden müssen
d ☒ Stoffe, die aus der Umgebungsluft Wasserdampf aufnehmen

---

**150. Was ist unter dem Begriff „Verlackung" zuverstehen?**

a ☐ Aufbringen eines Lackfilms
b ☒ Das Niederschlagen von löslichen Farbstoffen auf ein Substrat
c ☐ Einrühren von Pigmenten in Bindemittel
d ☐ Zwei verschiedene Bindemittel verschmelzen

---

**151. Was versteht man unter dem Begriff „Dispersion"?**

a ☐ Lösung fester Kunststoffteile in Lösemitteln
b ☐ Vermischung von Wasser mit Öl
c ☐ Feinverteilung von festen Kunststoffteilchen in Wasser
d ☐ Vermischung fester Kunststoffteile in öligen Bindemitteln

---

**152. Wie nennt man feste, pulverförmige Stoffe, die in einem flüssigen Stoff feinverteilt sind?**

a ☐ Diffuse Stoffe
b ☐ Viskose Stoffe
c ☐ Stoffgemische
d ☐ Disperse Stoffe

---

**153. Was versteht man unter dem Begriff „Emulsion"?**

a ☐ Vermischung von Teilchen in öligen Bindemitteln
b ☐ Feinverteilung von Teilchen in Wasser
c ☐ Vermischung von Öl und Wasser
d ☐ Lösung von Teilchen in Lösemitteln

---

**154. Welche Eigenschaft hat ein thixotropes Material?**

a ☐ Es ist besonders hochviskos
b ☐ Es ist im bewegten Zustand flüssig, in Ruhezustand fest
c ☐ Es ist besonders niedrigviskos
d ☐ Es ist stark porenfüllend

---

**155. Was versteht man unter dem Begriff „Thixotropie"?**

a ☐ Die Dehnbarkeit eines Beschichtungsfilms
b ☐ Die Verformbarkeit eines Beschichtungsfilms
c ☐ Die Leichtflüssigkeit eines Beschichtungsfilms
d ☐ Das festflüssige Verhalten eines Beschichtungsstoffes

---

**156. Was bedeutet die Bezeichnung „Zweikomponenten-Material"?**

a ☐ Pigmente und Bindemittel gehen eine chemische Reaktion ein
b ☐ Für die Trocknung benötigt das Material nur Sauerstoff
c ☐ Das Material muß vor der Verarbeitung aus zwei Bestandteilen gemischt werden
d ☐ Die Trocknung des Materials benötigt zwei Bedingungen, erhöhte Temperatur und Luftbewegung

---

**157. Wie bezeichnet man die Verarbeitungszeit von Zweikomponenten-Beschichtungsstoffen?**

a ☐ Trockenzeit
b ☐ Topfzeit (Pot-life)
c ☐ Abbindezeit
d ☐ Reaktionszeit

---

**158. Was versteht man bei Zweikomponenten-Material unter „Pot-Life"?**

a ☐ Die Zeit, in der das Material verarbeitet sein muß
b ☐ Die Zeit, in der bis zur Verarbeitung des Materials gewartet werden muß
c ☐ Die Zeit, bis zum Beginn der Erhärtung
d ☐ Die Zeit, in der das Material erhärtet

---

**159. Was geschieht, wenn die Topfzeit eines Zweikomponenten-Lackes überschritten wird?**

a ☐ Der Lack kann nur noch durch zusätzliche Verdünnungszugabe verarbeitet werden
b ☐ Der Lack trocknet nicht mehr
c ☐ Der Lack wird niedrigviskoser
d ☐ Der Lack dickt ein und wird fest

---

**160. Zu welchem Zeitpunkt sollen bei einem Zweikomponenten-Acryllack Härter und Lack miteinander vermischt werden?**

a ☐ Mindestens eine Stunde vor der Verarbeitung
b ☐ Unmittelbar vor der Verarbeitung
c ☐ Drei Stunden vor der Verarbeitung
d ☐ Am Vorabend vor der Verarbeitung

---

**161. Wie trocknet ein Zweikomponenten-Polyurethanlack?**

a ☐ Durch Verdunsten der Lösemittel
b ☐ Durch Oxidation
c ☐ Durch Ofentrocknung
d ☐ Durch chemische Reaktion

---

**162. Worauf ist bei der Verarbeitung von 2K-Beschichtungsstoffen zu achten?**

a ☐ Nur bei konstanter Raum-Temperatur von 20° C verarbeiten
b ☐ Sehr geringe Topfzeit, daher innerhalb 2 Stunden verarbeiten
c ☐ Nicht bei relativer Luftfeuchtigkeit über 80 % verarbeiten
d ☐ Nicht außerhalb von Lackierkabinen verarbeiten

---

**163. Was bewirkt eine Temperatur um 0° C bei einem mit Härter angemischten 2K - Lack?**

a ☐ Der Lack wird dünner
b ☐ Die Reaktion wird verzögert
c ☐ Der Lack wird unbrauchbar
d ☐ Der Lack bleibt unverändert

---

**164. Welche Ursachen kann das Eindicken eines Uni-Lackes haben?**

a ☐ Zu hoher Bindemittelanteil
b ☐ Zu hoher Verdünnungsanteil
c ☐ Ungeeignete Konfektionierungsmittel
d ☐ Durch Verdunsten der Lösemittel

---

**165. Die physikalisch/chemischen Begriffe sind ihrer jeweiligen Bedeutung zuzuordnen.**

**Begriffe:**

a Adhäsion
b Kapillarität
c Kohäsion
d Polymerisation
e Diffusion
f Polyaddition
g Polykondensation

**Bedeutung:**

165.A.1 ____ Zusammenhangskraft
165.A.2 ____ Trocknung durch Molekül-Verkettung
165.A.3 ____ Anhangskraft
165.A.4 ____ Saugfähigkeit feinster Poren
165.A.5 ____ Entstehung von Großmolekülen mit Wasserrest
165.A.6 ____ Verschiedene Reaktionspartner ergeben hochmolekulare Stoffe
165.A.7 ____ Feuchtigkeitsaustausch zwischen Beschichtungsträger und Atmosphäre

**Begriffe:**

a Sedimentation
b Koagulation
c Kondensation
d Thixotropie
e Viskosität
f Reversibel
g Irreversibel

**Bedeutung:**

165.B.1 ____ Verflüssigung von Dämpfen
165.B.2 ____ Dick-oder Dünnflüssigkeit
165.B.3 ____ Lackverflüssigung durch Lösemittel
165.B.4 ____ Ausflocken von Farbnebel
165.B.5 ____ Nicht auflösbar durch Lösemittel
165.B.6 ____ Verflüssigung durch Bewegung
165.B.7 ____ Absetzen von Pigmenten

**Begriffe:**

a Farbstoff
b Festkörper
c Metamerie
d Emmision
e Korrosion
f Passivieren

**Bedeutung:**

165.C.1 ____ Abgabe von Schadstoffen an die Umwelt
165.C.2 ____ Andere Pigmentzusammensetzung als bei der Werkslackierung
165.C.3 ____ Hoher Bindemittelanteil
165.C.4 ____ Korrosionshemmende Vorbehandlung
165.C.5 ____ Organische Farbstoffe ohne Körper
165.C.6 ____ Zerstörung von Metallen

---

# Lackrohstoffe, Pigmente, Bindemittel, Füllstoffe

### 166. Wie heißt der Sammelname für alle farbgebenden Stoffe?

a ☐ Farbstoffe
b ☐ Pigmente
c ☒ Farbmittel
d ☒ Substrate

---

### 167. Welche Aussage über Pigmente ist richtig?

a ☐ Sie gehen mit Lösemitteln oder Bindemitteln chemische Verbindungen ein
b ☐ Sie lösen sich in Lösemitteln, in Bindemittel dagegen nicht
c ☐ Sie lösen sich in Lösemitteln oder Bindemitteln
d ☒ Sie sind in Lösemittel und Bindemittel unlöslich

---

### 168. Welche Stoffe bezeichnet man als Pigmente?

a ☐ Farbstoffe mit hoher Füllkraft
b ☐ Festkörper mit hohem Reflexionsvermögen
c ☐ Feste, mechanisch nicht mehr zerlegbare Stoffe mit farbigem Aussehen
d ☒ Benetzbare Farbkörper, die in Mischung mit Bindemitteln Anstrichstoffe ergeben

---

### 169. Welche Pigmente besitzen die beste Deckfähigkeit?

a ☐ Pigmente mit großen Pigmentteilchen
b ☐ Pigmente mit geringer Lichtbrechung
c ☒ Feinverteilte Pigmente mit hohem Reflexionsvermögen
d ☐ Pigmente mit unterschiedlicher Lichtbrechung

---

### 170. Mit welcher Art von Pigmenten oder Pigmentgemischen läßt sich der dichteste Anstrichfilm erreichen?

a ☐ Mit gemischt dispersen Pigmenten
b ☐ Mit Pigmenten von gleicher Korngröße
c ☒ Mit Pigmenten von sehr kleiner Korngröße
d ☐ Mit teilweise löslichen Pigmenten

---

### 171. Wie sind nach DIN 55 945 die Pigmente eingeteilt?

a ☒ In anorganische und organische Pigmente
b ☐ In bunte und unbunte Pigmente
c ☐ In deckende und nicht deckende Pigmente
d ☐ In leuchtende und schmutzige Pigmente

---

### 172. Wie werden nach DIN 55 945 die Erdpigmente bezeichnet?

a ☐ Künstlich-anorganische Pigmente
b ☐ Künstlich-organische Pigmente
c ☒ Natürlich-anorganische Pigmente
d ☐ Natürlich-organische Pigmente

---

**173. Welche der folgenden Pigmentgruppen gehören nicht zu den organischen Pigmenten?**

a ☒ Kohlenstoffpigmente
b ☐ Künstlich-organische Pigmente
c ☐ Pflanzliche Pigmente
d ☐ Tierische Pigmente

---

**174. Welche Pigmente werden im bergmännischen Abbau gewonnen?**

a ☐ Natürlich-anorganische Pigmente
b ☒ Natürlich-organische Pigmente
c ☐ Künstlich-anorganische Pigmente
d ☐ Künstlich-organische Pigmente

---

**175. Aus welchen Rohstoffen werden künstlich organische Pigmente hergestellt?**

a ☐ Aus Mineralien
b ☐ Aus Steinen und Erden
c ☒ Aus Steinkohlenteer und Erdöl
d ☐ Aus Tieren und Pflanzen

---

**176. Wie entstehen künstlich-anorganische Pigmente?**

a ☐ Durch Aufbereiten von Erden
b ☐ Durch Mahlen von Gesteinen
c ☐ Durch Pulverisierung von Metallen
d ☒ Durch Fällung

---

**177. Wie lautet eine andere Bezeichnung für die künstlich-anorganischen Pigmente?**

a ☒ Mineralpigmente
b ☐ Metallpigmente
c ☐ Erdpigmente
d ☐ Steinpigmente

---

**178. Wie nennt man Pigmente, die aus Steinkohlenteer destilliert werden?**

a ☐ Mineralfarben
b ☒ Teerfarbstoffe
c ☐ Destillationsfarben
d ☐ Asphalte

---

**179. Woraus werden Mineralfarben hergestellt?**

a ☐ Aus Erden
b ☐ Aus Erdöl
c ☐ Aus Gesteinen
d ☒ Aus Metallen

---

**180. Aus welchem Bereich kommt ein Metallpigment?**

a ☐ Aus dem natürlich-organischen Bereich
b ☐ Aus dem künstlich-organischen Bereich
c ☒ Aus dem künstlich-anorganischen Bereich
d ☐ Aus dem natürlich-anorganischen Bereich

---

**181. Warum werden bei der Herstellung von Anstrichstoffen als Farbmittel meistens Pigmente eingesetzt?**

a ☒ Durch Pigmente erhalten Anstrichstoffe Deckvermögen
b ☐ Sie ergeben klare, durchsichtige Anstrichfilme
c ☐ Sie lösen sich in Bindemitteln besser als Farbstoffe
d ☐ Sie verbinden sich mit den Bindemitteln besser als Farbstoffe

---

**182. Weshalb werden manchen Pigmenten Verschnittmittel zugesetzt?**

a ☐ Das Färbevermögen wird verbessert
b ☒ Das Deckvermögen wird verbessert
c ☐ Die Haltbarkeit des Pigments wird verbessert
d ☐ Die Löslichkeit der Pigmente wird verbessert

---

**183. Was ist ein Substrat?**

a ☐ Ein Pigment, das durch Fällung gewonnen wird
b ☐ Ein Streckmittel
c ☐ Ein Verschnittmittel
d ☒ Preiswerte Farbunterlage zur Verlackung

---

**184. Welche Pigmente benötigen bei ihrer Herstellung ein Substrat?**

a ☒ Teerfarben
b ☐ Erdfarben
c ☐ Mineralfarben
d ☐ Weißpigmente

---

**185. Wie werden Farblacke hergestellt?**

a ☐ Farbstoffe verbinden sich chemisch mit Bindemitteln
b ☐ Pigmente werden mit Bindemitteln vermischt
c ☒ Substrate werden mit Farbstoffen unlöslich eingefärbt
d ☐ Pigmente werden mit Farbstoffen gemischt

---

**186. Was geschieht bei der Herstellung von Pigmenten im Fällungsverfahren?**

a ☐ Die Pigmente setzen sich im Wasser ab
b ☒ Beim Zusammengießen von zwei Salzlösungen fällt ein fester Stoff aus
c ☐ Farblose Substrate werden durch Farbstoffe gefärbt
d ☐ Metallstreifen werden mit Säuren übergossen

---

**187. Wie bezeichnet man ein korrosionshemmendes Pigment?**

a ☐ Passives Pigment
b ☒ Aktives Pigment
c ☐ Agressives Pigment
d ☐ Inaktives Pigment

---

**188. Wozu werden Pigmente verschnitten?**

a ☐ Um den Farbton zu ändern
b ☒ Um die Deckfähigkeit zu erhöhen
c ☒ Um die Füllkraft zu verbessern
d ☐ Um ein Absetzen des Pigments zu verhindern

---

**189. Wozu wird Schwerspat vorwiegend verwendet?**

a ☐ Als Pigment in Abtönkonzentraten
b ☐ Als Pigment in Lacken
c ☐ Als Pigment in Kunstharz-Dispersionen
d ☒ Als Verschnittmittel

---

**190. Welche Hauptaufgabe hat das Pigment im Decklack einer Fahrzeuglackierung?**

a ☐ Den Korrosionsschutz zu verbessern
b ☒ Dem Lack die Farbigkeit zu geben
c ☐ Den Glanz des Decklacks zu erhöhen
d ☐ Die Haftung zum Untergrund zu bewirken

---

**191. Welche Eigenschaften müssen Pigmente haben, die in Metalliclacken zum Einsatz kommen**

a ☐ Sie müssen gut deckend sein
b ☐ Sie müssen aktive Pigmente sein
c ☒ Sie müssen lasierende Pigmente sein
d ☐ Sie müssen transparent sein

---

**192. Welches Pigment eignet sich für Korrosionsschutz-Grundbeschichtungen?**

a ☒ Zinkchromat
b ☐ Zinkoxid
c ☐ Titanoxid
d ☐ Bleicyanamid

---

**193. Welche Stoffe sind Filmbildner?**

a ☐ Lösemittel
b ☒ Bindemittel
c ☐ Pigmente
d ☐ Verdünnungsmittel

---

**194. Welche Stoffe sind keine Filmbildner?**

a ☐ Weichmacher
b ☐ Harze
c ☒ Pigmente
d ☐ Schwebemittel

---

**195. Welche Aufgaben haben Bindemittel?**

a ☒ Sie dienen der Filmbildung
b ☐ Sie binden die Lösemittel
c ☐ Sie bestimmen den Farbton
d ☐ Sie geben dem Lack die Verarbeitungskonsistenz

---

**196. Wozu dienen Bindemittel in einem Lack?**

a ☐ Sie erhöhen die Deckfähigkeit der Decklackierung
b ☐ Sie geben dem Decklack ein farbiges Aussehen
c ☐ Sie verhindern das Eindicken des Lacks
d ☒ Sie verkleben die Pigmente untereinander und an den Untergrund

---

**197. Welches Harz ist ein Kunstharz?**

a ☐ Kopalharz
b ☐ Bernstein
c ☐ Mastix
d ☒ Acrylharz

---

**198. Welches Harz ist kein Kunstharz?**

a ☐ Alkydharz
b ☒ Kopalharz
c ☐ Melaminharz
d ☐ Epoxidharze

---

**199. Welches Harz ist ein Naturharz?**

a ☐ Acrylharz
b ☒ Dammar
c ☐ Alkydharz
d ☐ Ketonharz

---

**200. Zu welcher Gruppe gehören Alkydharze?**

a ☐ Zu den Naturharzen
b ☐ Zu den Polyadditionsharzen
c ☒ Zu den Polykondensationsharzen
d ☐ Zu den Phenolharzen

---

**201. Zu welcher Gruppe gehören Acrylharze?**

a ☐ Zu den Mehrstoffharzen
b ☐ Zu den Naturharzen
c ☐ Zu den Polyadditionsharzen
d ☒ Zu den Polymerisationsharzen

---

**202. Welches Harz ist von der Herstellung her ein Kondensationsharz?**

a ☐ Acrylharz
b ☒ Alkydharz
c ☐ Venylharz
d ☐ Styrolharz

---

**203. Welches Harz ist ein Polymerisatharz?**

a ☐ Bernstein
b ☐ Kopalester
c ☒ Acrylharz
d ☐ Epoxidharz

---

**204. Welcher Stoff ist ein Lackkörper?**

a ☐ Füllstoffe
b ☐ Verdickungsmittel
c ☐ Kunstharze
d ☒ Pigmente

---

**205. Welcher Stoff ist ein Verschnittmittel?**

a ☐ Kreide
b ☐ Zinkweiß
c ☐ Zinkoxid
d ☒ Schwerspat

---

**206. Welcher Stoff findet als Verschnittmittel Verwendung?**

a ☒ Leichtspat
b ☐ Titanweiß
c ☐ Zinkweiß
d ☐ Bleiweiß

---

**207. Wozu dienen Verschnittmittel in Lackfarben?**

a ☐ Zur Erhöhung der Viskosität
b ☒ Zur Verbesserung der Füllkraft
c ☐ Zur tixotropen Einstellung
d ☐ Zur Verbesserung der Deckfähigkeit

---

**208. Wozu wird Schwerspat verwendet?**

a ☐ Als Schleifmittel
b ☒ Als Verschnittmittel
c ☐ Als Pigment in Lackfarben
d ☐ Als Poliermittel

---

**209. Welcher Stoff ist ein Füllstoff?**

a ☐ Kreide
b ☐ Aluminiumoxid
c ☒ Schwerspat
d ☐ Kalk

---

**210. Aus welchen Gründen werden Beschichtungsstoffen Füllstoffe zugegeben?**

a ☐ Um die Pigmente in ihrer Leuchtkraft zu verbessern
b ☒ Um den Festkörperanteil und die Schichtdicke zu verbessern
c ☐ Um ein Absetzen der Bindemittel zu verhindern
d ☐ Um die Verbindung zum Untergrund zu verbessern

---

**211. Wozu dienen Lösemittel?**

a ☐ Sie machen den Lack geschmeidig
b ☐ Sie verbessern den Glanz des Lackes
c ☐ Sie verkürzen die Trockenzeit
d ☒ Sie verflüssigen die Bindemittelharze

---

## Grundbeschichtungsstoffe

**212. Welche Eigenschaft muß ein Grundiermaterial besitzen?**

a ☒ Passivierende Eigenschaft
b ☐ Gute Deckfähigkeit
c ☐ Farbtongenauigkeit
d ☐ Vergilbungsfreiheit

---

**213. Welche Eigenschaffen muß ein Grundierfüller haben?**

a ☐ Starke Isolierwirkung
b ☐ Extrem Abriebfest
c ☐ Unempfindlich gegen Luftfeuchtigkeit
d ☒ Passivieren und Füllen

---

### 214. Welche Eigenschaften müssen 2K-Grundierungen besitzen?

a ☐ Schnell trocknend
b ☒ Passivierend
c ☐ Gut füllend
d ☐ Aktivierend

---

### 215. Was bedeutet passivierende Eigenschaft in Verbindung mit 2K-Grundmaterialien?

a ☐ Deckkraftverbessernd
b ☐ Schnellfüllend
c ☒ Korrosionshemmend
d ☐ Trocknungsbeschleunigend

---

### 216. Welches Material eignet sich am besten um Alu-Bleche zu grundieren?

a ☒ EP- Grundierfüller
b ☐ Transparenzfüller
c ☒ Zinkchromatgrund
d ☐ PE - Spritzplastic

---

### 217. Welches Grundiermaterial ist universell anwendbar auf allen Untergründen?

a ☐ Wash-Primer
b ☐ Transparenzfüller
c ☐ Fillsealer
d ☒ EP- Grundierfüller

---

### 218. Was sind Wash-Primer?

a ☐ Werkstoffe für die Zwischenbeschichtung
b ☒ Phosphorsäurehaltige, metallreaktive Grundiermittel
c ☐ Fettlösende Waschverdünnungen
d ☐ Gut deckende Grundierfüller

---

### 219. Welchen Zweck erfüllt ein Wash-Primer?

a ☐ Er verbessert die Deckkraft der nachfolgenden Lackierung
b ☒ Er vermittelt Haftung und vermindert Unterrostung
c ☐ Er gleicht kleine Unebenheiten aus
d ☐ Er verhindert Kraterbildung bei Siliconresten

---

### 220. Mit welchen Werkstoff wird gleichzeitig grundiert und gefüllt?

a ☐ Mit PUR-Füller
b ☒ Mit EP-Grundierfüller
c ☐ Mit Transparenzfüller
d ☐ Mit DD-Füller

---

### 221. In welchem Fall wird bevorzugt EP-Grundierfüller eingesetzt?

a ☐ Bei Beschriftungen
b ☐ Bei Innenflächen
c ☒ Auf verzinkten Stahlblechen und Alu-Blechen
d ☐ Bei Fahrgestellackierungen

---

### 222. Warum muß einem EP-Grundierfüller zur Verarbeitung Härter zugesetzt werden?

a ☐ Damit die Grundierung besser haftet
b ☐ Damit der Spachtelauftrag nicht durchblutet
c ☒ Zur Einleitung der Trocknungsreaktion
d ☐ Zur Verbesserung der Deckfähigkeit

---

### 223. Was bedeutet: ein Grundmaterial ist hygroskopisch?

a ☐ Es kann nur in dünnen Schichten aufgetragen werden
b ☐ Es ist lösemittelempfindlich
c ☐ Es trocknet nur durch Härterzusatz
d ☒ Es nimmt Feuchtigkeit auf

---

**224. Welches Grundmaterial ist nicht hygroskopisch?**

- a ☐ Transparenzfüller
- b ☐ Dickschicht-Füller
- c ☒ EP-Grundierfüller
- d ☐ Füllprimer

---

**225. Welchen Arbeitsgang ersetzt ein Dickschicht-Füller?**

- a ☒ Das Feinspachteln
- b ☐ Das Vorlackieren
- c ☐ Das Decklackieren
- d ☐ Das Grobspachteln

---

# Spachtelmassen

**226. Welche Haupteigenschaften erwartet man von allen Spachtelmassen?**

- a ☒ Gutes Verarbeiten und leichte Schleifbarkeit
- b ☐ Schnelle, kurze Trocknung und Härte
- c ☐ Als Spritzspachtel und Füller verwendbar
- d ☐ Möglichst hohe Schichtdicken und wenig Schleifarbeit

---

**227. Welche Stoffe bilden den Hauptbestandteil von Spachtelmassen?**

- a ☐ Lösemittel
- b ☒ Mineralische Füllstoffe
- c ☐ Bindemittel
- d ☐ Trockenstoffe

---

**228. Welche physikalischen Eigenschaften können Spachelmassen haben?**

- a ☐ Korrosionshemmende Eigenschaft
- b ☐ Neutralisierende Eigenschaft
- c ☐ Passivierende Eigenschaft
- d ☒ Thixotrope Eigenschaft

---

**229. Welcher Spachtel trocknet nur durch Härterzusatz?**

- a ☐ KH - Spachtel
- b ☒ UP-Spachtel
- c ☐ NC-Spachtel
- d ☐ NC-Kombi-Spachtel

---

**230. Wie trocknet ein KH-Spachtel?**

- a ☐ Durch Härterzusatz
- b ☐ Durch Aufnahme von Kohlendioxid
- c ☒ Durch Abgabe von Lösemitteln
- d ☐ Durch Zusatz von Trockenstoff

---

**231. Wie heißt die Rohstoffbasis von UP-Spachtel?**

- a ☐ Polyamidharze
- b ☐ Polyurethanharze
- c ☐ Phenolharze
- d ☒ Ungesättigte Polyesterharze

---

**232. Welches Bindemittel ist in den UP-Spachtelmassen enthalten?**

- a ☐ Acrylharz
- b ☐ Polyvenylacetat
- c ☒ Polyesterharz
- d ☐ Alkydharz

---

**233. Wieviel Prozent Härterpaste muß einem UP-Spachtel beigemischt werden?**

- a ☐ 30%
- b ☐ 20%
- c ☐ 10%
- d ☒ 3%

---

**234. Wie heißt der chemische Trocknungsprozess von UP-Spachtel?**

a ☒ Polymerisation
b ☐ Oxidation
c ☐ Polyaddition
d ☐ Destillation

---

# Füller

**235. Welche Eigenschaften soll ein Füller besitzen?**

a ☐ Er soll das Spachteln ersetzen
b ☒ Er soll Schleifriefen füllen, Spachtelschichten abdecken und als Haftvermittler für den Decklack dienen
c ☐ Er soll eine gute Saugfähigkeit besitzen
d ☐ Er soll wasserabweisend sein

---

**236. Welche Rohstoffbasis hat ein EP-Füller?**

a ☐ Polyesterharz
b ☒ Epoxidharz
c ☐ Polyurethanharz
d ☐ Acrylharz

---

**237. Welche besondere Eigenschaft besitzt der EP-Grundierfüller?**

a ☐ Gute Farbtonbeständigkeit
b ☐ Schlechte Schleifbarkeit
c ☒ Gute Haftung auf allen Untergründen
d ☐ Hohe Temperaturen verlängern seine Topfzeit

---

**238. Welcher Werkstoff macht ein Feinspachteln überflüssig?**

a ☐ Transparenzfüller
b ☐ Acrylfüller
c ☐ Wash-primer
d ☒ Dickschichtfüller

---

**239. Was versteht man unter einem Highsolid-Füller?**

a ☐ Ein Füller auf Epoxidharz-Basis
b ☒ Ein Dickschichtfüller auf Polyurethan-Basis
c ☐ Ein Füller auf Alkydharz-Basis
d ☐ Ein Füller auf Acrylharz-Basis

---

**240. Welche der aufgeführten Füllersorte ist nicht hyroskopisch?**

a ☐ 2K-Füller
b ☐ Naß-in-Naß-Füller
c ☒ EP-Grundierfüller
d ☐ Non-stop-Sealer

---

**241. Welche konventionellen Materialien können durch Einsatz von Dickschichtfüller eingespart werden?**

a ☐ Feinspachtel
b ☐ Streichspachtel
c ☒ Grundierung,Feinspachtel,Füller
d ☐ Unterbodenschutz

---

**242. Wie dick darf ein Dickschichtfüller (Compact-Füller) bei Lufttrocknung aufgebracht werden ?**

a ☐ 150 µm
b ☐ 200 µm
c ☐ 300 µm
d ☒ 400 µm

---

**243. Wieviel Prozent Festkörpergehalt hat ein Compact-Füller?**

a ☐ 100%
b ☒ 80%
c ☐ 50%
d ☐ 20%

---

**244. Welcher der aufgeführten Rohstoffe werden als Filmbildner für den Transparenzfüller verwendet?**

a ☒ Acryl-Polyurethan-Kombination
b ☐ Alkyd-Melamin-Kombination
c ☐ Alkydharze
d ☐ Acrylharze

---

## Lacke

**245. Welche Stoffe zählen zu den Lackrohstoffen?**

a ☐ Stabilisatoren
b ☐ Pigmente
c ☐ Konservierungsstoffe
d ☒ Filmbildner, Lösemittel, Zusatzmittel

---

**246. Aus welchen Grundstoffen setzt sich ein Kunstharzlack zusammen?**

a ☐ Trockenstoffe, Verlaufmittel und Substrate
b ☒ Bindemittel, Pigmente, Füllstoffe, Konfektionierungsmittel und Lösemittel
c ☐ Kunstharze, Pigmente und Sikkative
d ☐ Pigmente, Weichmacher und Verdünnungsmittel

---

**247. Welcher Lack trocknet erst nach Zugabe eines Härters?**

a ☐ Akkydharzlack
b ☒ Acryllack
c ☐ Metallic-Basislack
d ☐ Nitrolack

---

**248. Warum muß dem Acryllack ein Härter zugesetzt werden?**

a ☐ Um dieTrocknung zu beschleunigen
b ☐ Um den Glanzgrad zu verbessern
c ☒ Um ihn irreversibel zu machen
d ☐ Um die Lichtbeständigkeit zu erhöhen

---

**249. Welches ist die Komponente, die zu 2K-Lacken zugefügt werden muß?**

a ☐ Trockenstoff
b ☐ Verlaufmittel
c ☒ Härter
d ☐ Koaguliermittel

---

**250. Wie trocknet ein 2K-Acryllack?**

a ☒ Durch physikalische and chemische Reaktion
b a ☐ Durch Aufnahme von Sauerstoff
c b ☐ Durch Verdunsten der Lösemittel
d ☐ Durch Aufnahme von Stickstoff

---

**251. In welchem Verhältnis wird in der Regel 2K-Acryllack mit Härter vermischt?**

a ☐ 1:1
b ☒ 2:1
c ☐ 4:1
d ☐ 5:1

---

**252. Welche Topfzeit hat ein Acryllack?**

a ☐ 2 Stunden
b ☐ 12 Stunden
c ☐ 24 Stunden
d ☐ Eine Woche

---

**253. Wie kann die Topfzeit von 2K-Acryllack verlängert werden?**

a ☐ Durch warmes Lagern
b ☐ Durch Lösemittelzugabe
c ☒ Durch Kälteeinwirkung
d ☐ Durch Zusatz von Verdünnungsmittel

---

**254. Wie alle 2K-Materialien hat 2K-Acryllack in flüssigem Zustand eine ganz bestimmte Eigenschaft. Welche ist das?**

a ☐ Empfindlich gegen Luftsauerstoff
b ☒ Empfindlich gegen Luftfeuchtigkeit
c ☐ Empfindlich gegen Kälte
d ☐ Empfindlich gegen Wärme

---

**255. Weshalb muß beim 2K-Acryllack das genaue Mischungsverhältnis mit Härter eingehalten werden?**

a ☐ Bei zuwenig Härter kommt es zu Oberflächenstörungen
b ☐ Bei zuwenig Härter löst sich das Bindemittel auf
c ☐ Bei zuwenig Härter verliert der Lack an Glanz
d ☒ Bei zuwenig Härter bleibt der Lack reversibel

---

**256. Wie verläuft die chemische Trocknung von 2K-Lacken?**

a ☒ Aufnahme von Sauerstoff und Oxidation
b ☐ Verketten der Moleküle durch Hitze
c ☐ Verdunsten der Lösemittelanteile
d ☐ Aufnahme von Luftfeuchtigkeit

---

**257. Wie trocknet ein Alkydharzlack?**

a ☐ Durch Molekülverkettung
b ☐ Durch Abgabe von Fettsäure
c ☒ Durch Verdunsten des Lösemittels und Oxidation des Bindemittels
d ☐ Durch das Absetzen der Kunstharzteilchen und Verdunsten der Lösemittel

---

**258. Welche Decklacke eignen sich besonders zur Lackierung auf verzinkten Blechen?**

a ☐ Alle üblichen Decklacke
b ☒ 2K-Acryllacke
c ☐ Alkydharzlacke
d ☐ Spezielle Polyurathanlacke

---

**259. Was versteht man unter Übervernetzung bei 2K-Lack?**

a ☐ Der Lack hat Feuchtigkeit aufgenommen
b ☒ Dem Lack wurde übermäßig viel Härter zugesetzt
c ☐ Dem Lack wurde zuviel Verdünnung beigegeben
d ☐ Der Lack wurde unter zu großer Wärmeeinwirkung lackiert

---

**260. Welcher Bestandteil ist in einem Klarlack am wenigsten vorhanden?**

a ☐ Bindemittel
b ☒ Pigmente
c ☐ Lösemittel
d ☐ Verdünnungsmittel

---

**261. Wie hoch ist der Festkörpergehalt bei üblichen Acrylacken?**

a ☐ 10%
b ☐ 25%
c ☒ 35%
d ☐ 40%

---

**262. Wie hoch ist der Festkörpergehalt bei Acryllacken im MS-Verfahren?**

a ☐ 40%
b ☒ 50%
c ☐ 70%
d ☐ 90%

---

**263. Welcher Lack ist ein Einkomponentenlack?**

a ☐ Polyurethanlack
b ☐ Epoxidharzlack
c ☐ Acryllack
d ☒ Alkydharzlack

---

**264. Wie bezeichnet man Lacke, die mit Härterzusatz verarbeitet werden müssen?**

a [ ] Metallic-Lacke
b [ ] Uni-Lacke
c [x] Zweikomponenten-Lacke
d [ ] Kombinationslacke

---

**265. Was ist unter einem Metallic-Lack zu verstehen?**

a [ ] Ein Lack, der für Metalluntergründe gut geeignet ist
b [x] Ein Effektlack, der lasierend gefärbte Alu-Teilchen enthält
c [ ] Ein Lack, der direkt auf einen Metalluntergrund aufgebracht wird
d [ ] Ein Effektlack, der lasierend gefärbte Kunststoffteilchen enthält

---

**266. Welcher Bestandteil bewirkt den Effekt einer Metallic-Lackierung?**

a [ ] Eisenspäne
b [ ] Messingpulver
c [ ] Zinkstaub
d [x] Aluminiumpulver

---

**267. Welches Metallpulver dient zur Herstellung von Metalliclacken?**

a [x] Aluminiumbronze
b [ ] Goldbronze
c [ ] Kupferbronze
d [ ] Silberbronze

---

**268. Wie trocknet ein Metallic-Basislack?**

a [x] Durch Verdunsten der Lösemittel
b [ ] Durch Oxidation
c [ ] Durch Härterzusatz
d [ ] Durch Molekülverkettung

---

**269. Was ist ein Perleffektlack?**

a [ ] Ein grober Metalleffektlack
b [ ] Ein besonders feiner Metalleffktlack
c [x] Ein Lack mit Perlmutteffekt
d [ ] Ein Einschicht-Metalleffektlack

---

**270. Welche Eigenschaft hat ein thermoplastischer Lack?**

a [ ] Er darf nur heiß verarbeitet werden
b [ ] Er darf nur auf Kunststoffen verarbeitet werden
c [x] Er verändert sich in der Oberfläche bei Kälte und Hitzeeinwirkung
d [ ] Er kann in sehr dicken Schichten lackiert werden

---

**271. Was ist ein Strukturlack?**

a [ ] Ein Zweischicht-Metallic-Lack
b [ ] Ein Diamanteffekt-Lack
c [ ] Ein Brillanteffekt-Lack
d [x] Ein hochviskoser Lack

---

# Lösemittel, Verdünnungsmittel

**272. Wozu dienen Lösemittel?**

a [x] Sie verflüssigen die Bindemittelharze
b [ ] Sie verbessern den Glanz des Lackes
c [ ] Sie verkürzen die Trockenzeit
d [ ] Sie machen den Lack geschmeidig

---

**273. Welche Eigenschaft muß ein Lösemittel haben?**

a [ ] Es soll die Trocknung beschleunigen
b [x] Es soll den Bindemittelrohstoff lösen
c [ ] Es soll den Untergrund anlösen
d [ ] Es soll die Verarbeitungsviskosität herstellen

---

### 274. Was geschieht mit einem Lösemittel im Lack während der Trocknung?

a ☐ Es bleibt teilweise als Filmbildner im Lack zurück
b ☐ Es verbindet sich mit dem Bindemittel
c ☐ Es wird von den Pigmenten absorbiert
d ☒ Es verdunstet restlos ohne Rückstand

### 275. Welche Eigenschaft des Lösemittels ist für die Trocknung des Beschichtungsstoffes wichtig?

a ☐ Chemische Bindefähigkeit
b ☐ Flammpunkt
c ☒ Verdunstungsgeschwindigkeit
d ☐ Viskosität

### 276. Welches Lösemittel muß nicht nach Brandklassen gekennzeichnet sein?

a ☒ Wasser
b ☐ Xylol
c ☐ Toluol
d ☐ Benzol

### 277. Welche Aufgabe haben Verdünnungsmittel?

a ☒ Sie geben dem Lack die richtige Verarbeitungskonsistenz
b ☐ Sie verkürzen die Trockenzeit
c ☐ Sie verhindern ein Absetzen der Pigmente
d ☐ Sie ermöglichen einen höhere Schichtdicken

### 278. Mit welchem Stoff verändert man die Viskosität eines Lackes?

a ☐ Mit Sikkativ
b ☐ Mit Weichmacher
c ☒ Mit Verdünnung
d ☐ Mit Härter

### 279. Was bewirkt der Zusatz von Verdünnungsmittel im Lack?

a ☐ Der Lack beibt länger lagerfähig
b ☒ Die Viskosität des Lackes wird herabgesetzt
c ☐ Der Lack läßt sich in dickeren Schichten aufbringen
d ☐ Der Lack trocknet langsamer

### 280. Welche Eigenschaft trifft auf ein Kunstharz-Verdünnungsmittel zu?

a ☐ Es ist hygroskopisch
b ☐ Es ist hochviskos
c ☐ Es ist schwer entflammbar
d ☒ Es ist leicht entzündlich

### 281. Weshalb muß ein Verdünnungsmittel nach Brandklassen gekennzeichnet sein?

a ☐ Wegen der Abfallbeseitigung
b ☒ Wegen der Gefährlichkeit bei der Verarbeitung
c ☒ Wegen der Lagerung
d ☐ Damit es zum jeweiligen Material paßt

## Zusatzmittel

### 282. Wozu dienen Zusatzmittel in Lacken?

a ☒ Sie bestimmen mit die Eigenschaften der Lacke
b ☐ Sie bestimmen den Farbton des Lackes
c ☐ Sie verbessern den Rostschutz
d ☐ Sie verbessern die Haftung der Pigmente

### 283. Welcher der nachfolgenden Stoffe ist ein Zusatzmittel?

a ☐ Bindemittel
b ☐ Harze
c ☐ Lösemittel
d ☒ Thixotropiermittel

**284. Wie heißen Trocknungsbeschleuniger öliger Lacke?**

a ☐ Weichmacher
b ☐ Silicone
c ☐ Stabilisatoren
d ☒ Sikkative

---

**285. Welche Zusatzmittel lösen bei Zweikomponenten-Lacken chemische Umsetzungen aus?**

a ☐ Lösemittel
b ☒ Härter
c ☐ Emulgatoren
d ☐ Geliermittel

---

**286. Wozu dienen Weichmacher in Lacken?**

a ☐ Sie verbessern die Viskosität
b ☐ Sie dienen als Haftvermittler zum Untergrund
c ☒ Sie elastifizieren den Lack
d ☐ Sie verhindern das Absetzen der Pigmente

---

**287. Welche Eigenschaften darf ein Weichmacher nicht haben?**

a ☐ Flüchtigkeit aus Filmbildnern
b ☐ Verträglichkeit mit Filmbildnern
c ☒ Gelatinierfähigkeit mit Filmbildnern
d ☒ Anquellwirkung des Untergrundes

---

**288. Bei welchem Untergrund muß ein Elastifizierungsmittel zugesetzt werden?**

a ☒ Bei Kunststoff
b ☐ Bei Aluminium
c ☐ Bei verzinktem Stahlblech
d ☐ Bei Holz

---

**289. Weshalb werden Wachse in bestimmten Lacken verwendet?**

a ☐ Zur Verbesserung der Füllkraft
b ☒ Zur Erzielung von Matteffekten
c ☐ Zur Verbesserung der Deckfähigkeit
d ☐ Zur Verbesserung des Verlaufs

---

**290. Was verbessert ein Zwischenprimer bei einer Beschriftung?**

a ☐ Die Elastizität des Lackfilms
b ☒ Die Adhäsion des Lackfilms
c ☐ Die Glanzbeständigkeit des Lackfilms
d ☐ Die Kohäsion des Lackfllms

---

**291. Welches Material eignet sich als Haftvermittler bei einer Beschriftung?**

a ☐ Dickschichtfüller
b ☐ Weichmacher
c ☒ Transparenzfüller
d ☐ Elastic-Zusatz

---

**292. Welches Mittel verhindert das Absetzen der Pigmente bei längerer Lagerung?**

a ☐ Netzmittel
b ☐ Verlaufmittel
c ☐ Elastifizierungsmittel
d ☒ Schwebemittel

---

**293. Welcher Stoff bewirkt in Schleifpasten die Schleifwirkung?**

a ☐ Wachszusätze
b ☐ Pigmente
c ☒ Aluminiumoxid
d ☒ Bimsmehl

---

**294. Welches Schleifpapier eignet sich zum Naßschliff mit Wasser?**

a [ ] Glaspapier
b [x] Siliciumcarbid-Papier
c [ ] Flintpapier
d [ ] Korundpapier

---

**295. Welches Schleifkorn wird hauptsächlich bei wasserfestem Schleifpapier verwendet?**

a [ ] Schmirgel
b [ ] Korund
c [ ] Bimsmehl
d [x] Aluminiumoxid und Siliciumcarbid

---

**296. Womit wird das Schleifkorn bei Naßschleifpapier auf das Trägerpapier geklebt?**

a [x] Mit Kunstharz
b [ ] Mit Pflanzenleim
c [ ] Mit Knochenleim
d [ ] Mit Zellulosekleister

---

**297. Welcher Effekt wird bei elektrostatischem Beschichten von Schleifpapier erreicht?**

a [ ] Bessere Naßfestigkeit
b [x] Die Kornspitzen stehen alle senkrecht
c [ ] Gleichmäßige Korngröße
d [ ] Gleichermaßen gut fürTrocken- und Naßschliff geeignet

---

**298. In welchen Handelsformen wird Trockenschleifpapier geliefert?**

a [ ] Als Wirrfaserflies
b [ ] Im Buch zu je 50 Blatt
c [ ] Als Bogen 23 x 28 cm
d [x] In Streifen, Rollen oder Scheiben

---

**299. In welcher Handelsform gibt es wasserfestes Schleifpapier?**

a [ ] Als gelochte Streifen
b [x] Als rechteckige Blätter
c [ ] Als runde Scheiben
d [ ] Als selbstklebende Streifen

---

**300. Welche Größe hat ein Naßschleifpapierbogen?**

a [x] 23 x 28 cm
b [ ] 23 x 50 cm
c [ ] 50 x 50 cm
d [ ] 75 x 50 cm

---

**301. Wie bezeichnet man die abgepackte Menge von 50 Blatt Naßschleifpapier?**

a [ ] Ein Heft
b [ ] Ein Block
c [x] Ein Buch
d [ ] Ein Bündel

---

**302. Mit welchem Kennbuchstaben wird das Schleifkorn beim Naßschleifpapier gekennzeichnet** ?

a [x] A-C
b [ ] D
c [ ] J
d [ ] X

---

**303. Aus welchen Grundstoff muß ein Abbeizer für Decklacke sein?**

a [ ] Mischungen aus Säuren und Laugen
b [ ] Aus alkalischen Stoffen
c [x] Aus chlorierten Kohlenwasserstoffen
d [ ] Aus speziellen Lösemitteln

---

**304. Welcher Stoff eignet sich zum Enffernen von Lacken auf Stahlblech?**

a [ ] Natronlauge
b [x] Abbeizfluid
c [ ] Abbeizsalbe
d [ ] Salmiakgeist

---

**305. Wie funktionieren die Abbeizfluide?**

a [ ] Sie verbinden sich mit dem Bindemittel der Beschichtung
b [ ] Sie verseifen die Pigmente in der Beschichtung
c [x] Sie lösen den Beschichtungsfilm und ziehen ihn hoch
d [ ] Sie spalten den Beschichtungsfilm

---

**306. Welche Eigenschaften müssen selbstklebende Abdeckbänder haben?**

a [ ] Sie müssen nur dehnbar sein
b [ ] Sie müssen glatt sein
c [ ] Sie müssen dicht sein
d [x] Sie müssen naßfest, hitzebeständig und rückstandsfrei sein

---

**307. Welcher Stoff wird bei Hohlraumversieglungen eingesetzt?**

a [ ] Acrylharz
b [ ] Kautschuklösung
c [x] Wachsemulsion
d [ ] Phosphorsäure

---

# Arbeitsverfahren

## Vorbereitung und Untergrundvorbehandlung

### 308. Welche Form der Rostbildung ist die am weitesten fortgeschrittene?

a ☐ Rostblüte
b ☐ Flugrost
c ☐ Kantenrost
d ☒ Durchrostung

---

### 309. Wodurch wird das schnelle Rosten von Stahlblech verhindert?

a ☐ Durch Imprägnieren
b ☒ Durch Passivieren
c ☐ Durch Neutralisieren
d ☐ Durch Aktivieren

---

### 310. Warum werden Lackschichten bei Unterrostung hochgedrückt?

a ☐ Weil sich beim Rosten das Volumen vergrößert
b ☐ Weil Wasser beim Rosten den Lack erweicht
c ☒ Weil durch die Aufnahme von Sauerstoff Druck erzeugt wird
d ☐ Weil durch Wasserdampf ein Druck entsteht

---

### 311. Welches Entrostungsverfahren wird als „thermisch" bezeichnet?

a ☐ Strahlen mit Strahlmittel
b ☐ Abbeizen
c ☒ Flammstrahlen mit Acetylengas
d ☐ Erhitzen mit Heißluftgebläse

---

### 312. Wie wird üblicherweise grob entrostet?

a ☐ Mit Naßschleifpapier
b ☒ Mit Schleifscheiben
c ☐ Mit Schleifpad
d ☐ Mit Abbeizer

---

### 313. Wie wird Rostbefall am zweckmäßigsten beseitigt?

a ☐ Hochdruckreinigung
b ☒ Mit dem Winkelschleifer und groben Schleifscheiben
c ☐ Naßschleifen von Hand
d ☐ Trockenschleifen von Hand

---

### 314. Wie sind stark angerostete Karosserieteile zu behandeln?

a ☐ Den Rost mit Rostumwandler beseitigen
b ☐ Den Rost anschleifen und mit Lösemittel abwaschen
c ☒ Das Teil metallisch blank schleifen
d ☐ Den Rost mit passivierendem Grundanstrich festigen

---

### 315. Welches Entrostungsverfahren ist am wirkungsvollsten?

a ☐ Naßschleifen
b ☐ Trockenschleifen
c ☒ Mit Strahlmittel strahlen
d ☐ Mit Excenterschleifer schleifen

---

**316. Welches Entrostungverfahren eignet sich am besten zur Beseitigung von Rost aus tiefen Rostnarben?**

a ☐ Entrostung mit rotierender Drahtbürste
b ☐ Handentrostung mit der Drahtbürste
c ☐ Mit Schwingschleifer und grobem Schleifpapier
d ☒ Strahlen

**317. Welcher Nachteil entsteht, wenn tiefliegende Rostnarben nur mit der Schleifmaschine behandelt werden?**

a ☐ Das Blech wird dünner
b ☐ Das Blech wird uneben
c ☒ Die Rostnarben kommen wieder
d ☐ Es muß öfter gespachtelt werden

**318. Warum soll blankes Stahlblech sofort beschichtet werden?**

a ☐ Damit die Grundierung besser durchtrocknet
b ☐ Damit sich keine Verunreinigungen ablagern können
c ☐ Damit der Lackierungsaufbau dicker wird
d ☒ Damit sich kein Rost bildet

**319. Wie beseitigt man am zweckmäßigsten Flugrost auf Stahlblech?**

a ☒ Mit Verdünnung und leichtem Anschleifen
b ☐ Mit groben Schleifscheiben und Winkelschleifer
c ☐ Mit Excenterschleifer und Gitterschleifscheiben
d ☐ Naßschleifen von Hand

**320. Wie werden entrostete Karosserieteile behandelt?**

a ☐ Abwaschen mit Ammoniaklösung
b ☐ Mit Rostumwandler grundieren
c ☒ Mit 2K-Haftgrund grundieren
d ☐ Mit PUR-Haftgrund grundieren

**321. Wodurch läßt sich ein Stahlblech passivieren?**

a ☐ Durch eine Zinkauflage
b ☐ Durch Reinigen mit Blechreinigungsmittel
c ☐ Durch Reinigen mit Siliconentferner
d ☒ Durch eine Phosphatierung

**322. Welche Wirkung hat das Phosphatieren bei der Vorbehandlung von Karosserieblechen?**

a ☒ Passivierung und Haftvermittlung
b ☐ Entfetten der Metalloberfläche
c ☐ Dauerhafte Entrostung
d ☐ Entfernen der Walzhaut

**323. Wie wird Stahlblech am besten entfettet?**

a ☐ Mit Waschbenzin
b ☒ Mit dem Hochdruckreiniger
c ☐ Mit Nitroverdünnung
d ☒ Mit verdünnter Phosphorsäure

**324. Womit werden neue verzinkte Stahlbleche gereinigt?**

a ☐ Mit klarem Wasser
b ☒ Mit einem Wasser-Ammoniak-Netzmittelgemisch
c ☐ Mit verdünnter Phosphorsäure
d ☐ Mit Nitroverdünnung

**325. Wie sind Karosserieteile zu behandeln, die mit Flugrost und siliconhaltigen Trennmittelresten verunreinigt sind?**

a ☐ Reinigen mit Siliconentferner und Anschleifen
b ☐ Abwaschen mit Reinigungsverdünnung
c ☐ Ansäuern mit Phosphorsäure
d ☐ Reinigen mit dem Dampfstrahler

---

**326. Weshalb müssen werkseitig grundierte Teile oft blank geschliffen werden?**

a ☒ Weil die Grundierung nicht tragfähig ist
b ☐ Weil die Grundierung matt ist
c ☐ Weil die Teile Beulen aufweisen
d ☐ Weil der Farbton der Grundierung nicht zur Decklackierung paßt

---

**327. Weshalb müssen blanke Metalluntergründe und Durchschliffe grundiert werden?**

a ☐ Die Grundierung verbessert die Elastizität des Lackaufbaus
b ☐ Die Grundierung verhindert ein Mattwerden der Lackierung
c ☐ Die Grundierung sorgt für bessere Deckkraft der Schlußlackierung
d ☒ Die Grundierung dient als Rostschutz und Haftvermittler

---

**328. Bei welcher rostschützenden Grundbeschichtung handelt es sich um einen kathodischen Korrosionsschutz?**

a ☐ Vorbehandlung mit Wash-Primer
b ☒ Beschichtung mit Zinkstaub-Grundfarbe
c ☐ Vorbehandlung mit Zinkchromat-Primer
d ☐ Aufbringen von PVC-Unterbodenschutz

---

**329. Wie sind ausgebeulte Karosserieteile vorzubereiten?**

a ☐ Ein mehrfacher Füllerauftrag ist erforderlich
b ☐ Sie sind zu glätten und zu füllen
c ☒ Sie sind zu reinigen und grob anzuschleifen
d ☐ Sie sind mit Haftgrund und Füller zu grundieren

---

**330. Welches Holz ist mit einer Bläueschutz-Grundbeschichtung zu behandeln?**

a ☐ Eiche
b ☐ Teakholz
c ☒ Kiefer
d ☐ Afzelia

---

**331. Wie ist unbehandeltes Holz zu schleifen?**

a ☐ Quer zur Faserrichtung
b ☒ In Faserrichtung
c ☐ Im Kreuzschliff
d ☐ Im Naßschliff

---

**332. Wie werden Schleifarbeiten an Holzbordwänden (Nut- und Feder) durchgeführt?**

a ☒ Trocken mit dem Vibrationsschleifer
b ☐ Es wird grundätzlich naß geschliffen
c ☐ Mit groben Schleifscheiben
d ☐ Mit Schleifpad

---

**333. Welches Schleifverfahren wird bei lackiertem Holz eingesetzt?**

a ☐ Schleifen mit dem Winkelschleifer
b ☐ Schleifen mit Stahlwolle
c ☐ Schleifen mit Schleifpad
d ☒ Trockenschleifen mit dem Rutscher

---

**334. Warum verwendet man zum Schleifen von Hand einen Schleifklotz?**

a ☒ Um den Druck der Hand gleichmäßig auf die Fläche des Schleifpapiers zu verteilen
b ☐ Um eine Verletzung der Hände auszuschließen
c ☐ Um Schleifpapier zu sparen
d ☐ Um die Hände vor der Einwirkung von Schleifwasser zu schützen

---

**335. In welchem Fall wird vorwiegend von Hand trocken geschliffen?**

a ☐ Schleifen von Füller
b ☒ Beischleifen von ausgebeulten Stellen und Spachtelstellen
c ☐ Mattschleifen von lackierten Flächen
d ☐ Ausschleifen von Lackläufern

---

**336. Wozu wird vorwiegend das Trockenschleifverfahren angewendet?**

a ☐ Zum Lackschleifen
b ☒ Zum groben Schleifen
c ☐ Zum Füllerschleifen
d ☐ Zum Ausschleifen von Staubeinschlüssen

---

**337. Welches Schleifverfahren garantiert den besten Feinschliff?**

a ☐ Trockenschleifen von Hand
b ☐ Schleifen mit dem Excenter und Absaugung
c ☐ Trockenschliff mit dem Rutscher
d ☒ Naßschliff

---

**338. Wozu wird hauptsächlich das Naßschleifverfahren eingesetzt?**

a ☐ Zum Entrosten
b ☐ Zum Spachtelschleifen
c ☒ Zum feinen Schleifen
d ☐ Zum UP-Spachtel schleifen

---

**339. Womit wird vorzugsweise die Feinschleifarbeit (Lackschliff) durchgeführt?**

a ☐ Mit dem Rutscher und Trockenschleifpapier
b ☐ Mit dem Winkelschleifer und Trockenschleifpapier
c ☒ Von Hand und mit Naßschleifpapier
d ☐ Mit dem Excenterschleifer und Trockenschleifpapier

---

**340. Welches ist ein mechanisches Hilfsmittel zum manuellen Schleifen?**

a ☐ Excenterschleifer
b ☐ Schwingschleifer
c ☐ Winkelschleifer
d ☒ Schleifklotz

---

**341. Welches maschinelle Hilfsmittel wird zum Schleifen verwendet?**

a ☒ Excenterschleifer
b ☐ Schleifpad
c ☐ Schleiffeile
d ☐ Schleifsponge

---

**342. Welche Schleifmittel werden am zweckmäßigsten zum Entrosten verwendet?**

a ☐ Naßschleifpapier
b ☒ Schleifscheiben
c ☐ Schleifleinen
d ☐ Schleifpad

---

**343. Welche Schleifscheibenkörnung wird zum groben Entrosten mit dem Winkelschleifer verwendet?**

a ☒ P 16-160
b ☐ P 160 - 240
c ☐ P 400 - 800
d ☐ P 800 -1200

---

**344. Welches Schleifmittel wird zum Anrauhen von Alu-Blech verwendet?**

a ☐ Schleifscheiben
b ☐ Naßschleifpapier
c ☒ Grobes Schleifpad
d ☐ Glaspapier

---

**345. Wie wird die Fläche um hervorstehende Nietreihen bei Alu-Aufbauten behandelt?**

a ☐ Mit Trockenschleifpapier Körnung 40 anrauhen
b ☐ Mit Schleifscheiben anrauhen
c ☐ Mit der Stahldrahtbürste anrauhen
d ☒ Mit der Messingdrahtbürste anrauhen

---

**346. Was sollte bei Kunststoffteilen geschehen, bevor man sie behandelt?**

a ☐ Reinigen und grundieren
b ☐ Reinigen,anschleifen,grundieren und sofort lackieren
c ☒ Prüfen,um welchen Kunststoff es sich handelt und ob er lackierbar ist
d ☐ Reinigen und mit Wärme behandeln

---

**347. Wie bereitet man ein Kunststoffteil für eine gut haftende Beschichtung vor?**

a ☐ Anschleifen mit Schleifpapier
b ☐ Anrauhen durch Strahlen
c ☒ Entfernen von Trennmitteln und Haftgrundieren
d ☐ Anlaugen mit Salmiakgeist

---

**348. Welche Vorbehandlung brauchen die meisten Kunststoffe?**

a ☒ Reinigen und speziellen Haftgrund aufbringen
b ☐ Grob anschleifen
c ☐ Mit entspanntem Wasser reinigen
d ☐ Mit Spritzspachtel grundieren

---

**349. Welche Vorbehandlung brauchen hygroskopische Kunststoffe?**

a ☐ Mit Lösemittel reinigen
b ☒ Mit Wärme behandeln
c ☐ Gründliches Anschleifen
d ☐ Beschichtung mit elastischen Spritzspachtel

---

**350. Welchem Zweck dient eine Grundierung?**

a ☐ Sie glättet den angerauhten Untergrund
b ☐ Sie verbindet sich mit der Metalloberfläche
c ☐ Sie deckt die Unebenheiten des Untergrundes ab
d ☒ Sie wirkt haftvermittelnd und passivierend

---

**351. Worin ist das Grundiermaterial bei einer werkseitigen Elektrotauchgrundierung verteilt?**

a ☒ In Wasser
b ☐ In Lösemittel
c ☐ In Verdünnungsmittel
d ☐ In gelösten Bindemitteln

---

**352. Was zwingt zum Einsatz bestimmter Grundierungen?**

a ☐ Die Witterung
b ☒ Die unterschiedlichen Eigenschaften der zu beschichtenden Untergründe
c ☐ Die Temperaturschwankungen
d ☐ Die Luftverschmutzung

---

**353. Welcher Werkstoff ist zum gleichzeitigen Grundieren und Füllen geeignet?**

a ☐ Zinkchromatgrund
b ☐ Wash-Primer
c ☒ 2K-Grundierfüller
d ☐ PUR-Haftgrund

---

**354. In welchem Fall setzt man einen Grundierfüller ein?**

a ☒ Als Korrosionsschutz
b ☐ Wenn grobe Schleifriefen vorhanden sind
c ☐ Bei stark verbeulten Karosserieteilen
d ☐ Zum rationellen Lackierungsaufbau

---

**355. Wie sind ausgebeulte Karosserieteile zu bearbeiten?**

a ☐ Grundieren mit Haftgrund und Füller aufbringen
b ☒ Spachteln mit UP-Spachtel und Füller aufbringen
c ☐ Unebenheiten plan schleifen
d ☐ Mehrfach Füller aufbringen und glatt schleifen

---

**356. Was versteht man unter „feinspachteln"?**

a ☐ Den letzten Spachtelauftrag
b ☐ Den Spachtel verdünnen und aufbringen
c ☒ Verschließen noch vorhandener kleiner Löcher und Schleifspuren
d ☐ Den Spachtel aufspritzen

---

**357. Womit sind tiefe Beulen im Karosserieblech zu glätten?**

a ☐ Mehrfach mit Füller spritzen
b ☒ Mit UP-Spachtel
c ☐ Mit Spritzplastic
d ☐ Mit Spritzspachtel

---

**358. Wofür wird ein UP-Spachtel eingesetzt?**

a ☒ Zum Ausfüllen größerer Unebenheiten
b ☐ Als Kontrollspachtel
c ☐ Zum Nachflecken nach dem Füllen
d ☐ Als Feinspachtel

---

**359. Wie ist der Untergrund vor dem Spachteln mit UP-Spachtelmasse vorzubehandeln?**

a ☐ Fein anschleifen
b ☐ Mit Siliconentferner abreiben
c ☒ Entfetten und grob anschleifen
d ☐ Mit Naßschleifpapier anschleifen

---

**360. Auf welchen Untergrund darf kein UP- Spachtel aufgetragen werden?**

a ☐ Auf eine Alkydharz-Lackierung
b ☐ Auf eine Acryl-Lackierung
c ☐ Auf eine Zweischicht-Lackierung
d ☒ Auf eine thermoplastische Lackierung

---

**361. Welche Spachtelmasse kann auch in dickerer Schicht verarbeitet werden?**

a ☐ Alkydharz-Spachtel
b ☐ Nitro-Spachtel
c ☒ Zweikomponenten-Spachtel
d ☐ Nitro-Kombi-Spachtel

---

**362. Warum sollen UP-Spachtelmassen nicht zu dick aufgezogen werden?**

a ☐ Weil sich dicke Schichten nicht glatt spachteln lassen
b ☒ Weil sich Lunkerstellen bilden können
c ☐ Weil dicke Schichten nach der Trocknung abplatzen
d ☐ Weil dicke Schichten sich schlecht schleifen lassen

---

**363. Was bewirkt eine Überdosierung mit Härter bei UP-Spachtel?**

a ☒ Fleckenbildung im Decklack
b ☐ Haftungsstörungen
c ☐ Rißbildung im Decklack
d ☐ Bläschenbildung

---

**364. Wie läßt sich die Trockenzeit eines UP-Spachtels verkürzen?**

a ☐ Durch mehr Härterzugabe
b ☒ Durch Zufuhr von Wärme
c ☐ Durch langes Durchmischen
d ☐ Durch mehrmaliges dünnes Auftragen

---

**365. In welcher Schichtdicke trocknet ein UP-Spachtel?**

a ☐ Nur bis 400 µm Schichtdicke
b ☐ Nur über 1500 µm Schichtdicke
c ☐ Nur bis 100 µm Schichtdicke
d ☒ In jeder Schichtdicke

---

**366. Wie lange läßt sich ein UP-Spachtel verarbeiten?**

a ☒ 5 Minuten
b ☐ 15 Minuten
c ☐ 30 Minuten
d ☐ 60 Minuten

---

**367. Womit schleift man am besten einen UP-Spachtel?**

a ☐ Mit Schleifscheiben
b ☐ Mit Naßschleifpapier
c ☐ Mit Schleifpad
d ☒ Mit Trockenschleifpapier

---

**368. Nach welcher Zeit kann eine Spachtelung mit UP-Spachtel überarbeitet werden?**

a ☒ Nach ca. 1 Stunde
b ☐ Nach ca. 4 Stunden
c ☐ Nach ca. 8 Stunden
d ☐ Nach ca. 12 Stunden

---

**369. Warum schleift man UP-Spachtel nicht naß?**

a ☐ Beim Naßschleifen läßt sich keine planebene Oberfläche erreichen
b ☒ UP-Spachtel nimmt Wasser auf
c ☐ Wasserfestes Schleifpapier setzt sich zu schnell zu
d ☐ Die Spachtelfläche wird zu glatt, so daß die nachfolgende Beschichtung schlecht haftet

---

**370. Welche Düsengröße wählt man zum UP-Spritzspachtel-Auftrag?**

a ☐ 1,3 mm
b ☐ 1,5 mm
c ☒ 2,5 mm
d ☐ 3,5 mm

---

**371. Was ist bei überspachtelten Punktschweißstellen zu beachten?**

a ☐ An den Schweißstellen platzt der Spachtel ab
b ☒ An den Schweißstellen fällt der Spachtel bei
c ☐ An den Schweißstellen bilden sich Hohlstellen
d ☐ An den Schweißstellen quillt der Spachtel auf

---

**372. Wozu wird ein Faserspachtel eingesetzt?**

a ☐ Zum Füllen kleiner Unebenheiten
b ☐ Zum Auffüllen von Falzen und Fugen
c ☒ Zum Ausbessern von kleinen Durchrostungen an nichttragenden Teilen
d ☐ Zum Spachteln von elastischen Kunststoffen

---

## 373. Wie werden Lunkerstellen in GFK-Teilen ausgefüllt?

a ☐ Ausfüllen mit Dickschicht-Füller
b ☐ Ausfüllen mit Compact-Füller
c ☐ Ausfüllen mit Faserspachtel
d [x] Ausfüllen mit UP-Spachtel

---

## 374. Wie müssen auf Fläche geschliffene Spachtelstellen vor dem Lackieren behandelt werden?

a ☐ Mit Fillsealer isolieren
b [x] Mit Füller abdecken
c ☐ Mit dünnem Lack vornebeln
d ☐ Mit Spritzspachtel abdecken

---

## 375. Welchen Zweck hat das Füllerspritzen?

a ☐ Die Spachtelung braucht nicht mehr geschliffen zu werden
b ☐ Die Decklackierung trocknet besser auf einer Füllerschicht
c ☐ Der Spachtelauftrag braucht nicht so gründlich geschliffen zu werden
d [x] Der Füller deckt kleine Unebenheiten zu, sorgt für Haftung und guten Lackstand

---

## 376. Welcher Füller wird am zweckmäßigsten bei Holz-Untergründen verwendet?

a ☐ Transparent-Füller
b [x] EP-Grundierfüller
c ☐ 2K-Washprimer
d ☐ Polyesterfüller

---

## 377. Wozu verwendet man einen 2K-Grundierfüller?

a ☐ Um die alte Lackierung nicht anschleifen zu müssen
b ☐ Zur Erhöhung der Deckfähigkeit eines Lackes
c [x] Zum Grundieren und Füllen in einem Arbeitsgang
d ☐ Um ohne Ablüftzeit weiterarbeiten zu können

---

## 378. Worauf ist zu achten, bevor ein Füller geschliffen werden kann?

a ☐ Daß er gut gedeckt hat
b ☐ Daß er dick genug aufgetragen wurde
c [x] Daß er durchgetrocknet ist
d ☐ Daß er in der Oberfläche noch leicht weich ist

---

## 379. Warum wird Füller geschliffen?

a ☐ Damit der Lack schneller trocknet
b ☐ Damit der Lack besser deckt
c ☐ Um bessere Saugfähigkeit der Oberfläche zu erzielen
d [x] Damit die Fläche glatt für die nachfolgende Lackierung ist

---

## 380. Was versteht man unter „Fleckfüllen"?

a ☐ Fleckenloses Füllen eines Fahrzeugteils
b [x] Füllen von kleinen Stellen
c ☐ Füllen in unterschiedlichen Schichtdicken
d ☐ Beseitigung von Härterflecken durch Füllen

---

## 381. Wie können nach dem Füllen noch vorhandene Schleifspuren beseitigt werden?

a ☐ Durch satten Auftrag des Decklacks
b ☐ Durch Vornebeln des Decklacks
c [x] Durch Schleifen bis die Schleifspuren verschwinden
d ☐ Nachflecken,schleifen und nochmals füllen

---

### 382. Welche Vorteile bieten Grundierfüller?

a ☐ Sie brauchen nach dem Trocknen nicht mehr geschliffen zu werden
b ☐ Sie sind sehr ergiebig
c ☐ Sie ergeben in einem Arbeitsgang sehr hohe Schichtdicken
d ☒ Sie ermöglichen Grundieren und Füllen in einem Arbeitsgang

---

### 383. Weshalb wird ein Dickschicht-Füller eingesetzt?

a ☒ Um ein Nachflecken mit Feinspachtel zu vermeiden
b ☐ Um ein Absacken des Decklacks zu verhindern
c ☐ Um eine haltbare Lackierung zu erzielen
d ☐ Um Material beim Decklackieren einzusparen

---

### 384. Welchen Arbeitsgang ersetzt ein Dickschicht-Füller?

a ☐ Das Isolieren
b ☐ Das UP-Spachteln
c ☒ Das Feinspachteln
d ☐ Das Vorlackieren

---

### 385. Welche Körnung wird zum Naßschleifen von Füller eingesetzt?

a ☐ Körnung P 120
b ☐ Körnung P 240
c ☒ Körnung P 800
d ☐ Körnung P 1200

---

### 386. Welchen Vorteil bietet ein farbloser Zwischenprimer (Fillsealer)?

a ☐ Auf alten Lackierungen ist er ein guter Haftvermittler
b ☒ Er spart bei intakten Lackierungen zeitraubendes Anschleifen
c ☐ Er kann ohne Vorreinigung mit Siliconentfemer aufgetragen werden
d ☐ Er ermöglicht nach der Durchtrocknung ein Überlackieren ohne Zwischenschliff

---

### 387. Wie werden fachgerecht größere durchgerostete Stellen behoben?

a ☐ Zuspachteln mit UP-Spachtel
b ☐ Zuspachteln mit Glasfaser-Spachtel
c ☐ Armieren mit Glasfasermatte
d ☒ Einschweißen von Blech

---

### 388. Welche Lackierung muß vor der Bearbeitung mit UP-Spachtel oder UP-Füller entfernt werden?

a ☒ Thermoplastische Acryllackierung
b ☐ Alkydharzlackierung
c ☐ Acryllackierung
d ☐ Werkslackierung

---

### 389. Womit wird beim Beilackieren einer Zweischicht-Metallic-Lackierung die Fläche angeschliffen?

a ☒ Mit Schleifpad
b ☐ Mit Schleifpaste
c ☐ Mit Trockenschleifpapier
d ☐ Mit Schleifscheiben

---

**390. Warum muß die zu lackierende Fläche mit Siliconentferner behandelt werden?**

a ☐ Um die Oberfläche anzuquellen
b ☐ Um die Oberfläche anzurauhen
c ☐ Um eine gute Haftung zur nachfolgenden Beschichtung zu schaffen
d ☒ Um Haftungsstörungen durch Fett und Silicone zu vermeiden

---

**391. Wie wird eine nicht mehr tragfähige Altlackierung für eine Neulackierung aufbereitet?**

a ☐ Lose Teile abstoßen und mit Dickschicht-Füller ausgleichen
b ☒ Altlackierung abbeizen und neu aufbauen
c ☐ Durch Überspritzen mit EP-Grundierfüller eine Isolierschicht schaffen
d ☐ Risse und Abplatzungen mit UP-Spachtel ausfüllen

---

**392. In welchem Fall muß eine alte Fahrzeuglackierung abgebeizt werden?**

a ☐ Wenn sie öfter poliert worden ist
b ☐ Wenn sie an einigen Stellen unterrostet ist
c ☐ Wenn sie mit Siliconen verseucht ist
d ☒ Wenn sie keine Haftfestigkeit mehr besitzt

---

**393. Welches Verfahren ist zweckmäßig, um eine Altlackierung zu entfernen?**

a ☐ Abschleifen mit Trockenschleifpapier
b ☐ Abkratzen mit dem Dreikantschaber
c ☒ Abbeizen mit Abbeizfluid
d ☐ Abschleifen mit Naßschleifpapier

---

**394. Wie muß die Oberfläche eines Fahrzeug-Reparaturteils vorbereitet sein, damit sie als lackierfähig anzusehen ist?**

a ☐ Ausgebeult und aufgerauht
b ☐ Mit Siliconentferner behandelt
c ☐ Trockengeschliffen und ausgeblasen
d ☒ Glattgespachtelt, gefüllt und glattgeschliffen

---

**395. Wie wirkt ein Abbeizfluid?**

a ☒ Es bringt die Altlackierung zum Hochquellen
b ☐ Es verseift die Altlackierung
c ☐ Es neutralisiert die Altlackierung
d ☐ Es rauht die Altlackierung an

---

**396. Was bewirkt eine Hohlraumversiegelung?**

a ☐ Sie dient als Haftvermittler
b ☐ Sie erhöht die Wetterbeständigkeit der Lackierung
c ☐ Sie schützt vor Steinschlag
d ☒ Sie schützt die Hohlräume der Karosserie vor dem Durchrosten

---

**397. Welche vorbeugende Rosschutzmaßnahme ist an der Bördelkante einer Innentür vorgesehen?**

a ☐ Hohlraumversiegelung
b ☒ Schließen mit Dichtstoff
c ☐ Versiegeln mit Hartwachs
d ☐ Beschichten mit Bitumen

---

**398. Wozu dient das Auftragen von Unterbodenschutz (UBS)?**

a ☐ Zum Schutz gegen Durchrostung der Fahrzeugteile
b ☐ Zur Verhinderung von Schwitzwasserbildung
c ☒ Zum Schutz gegen Steinschlag und Witterungseinflüssen der unteren Karosserie
d ☐ Zur besseren Haftung der Grundierschicht

---

**399. Wie wird eine fabrikneue Karosserie zusätzlich vor dem Rosten geschützt?**

a ☐ Durch Versiegeln der Hohlräume
b ☒ Durch Wachskonservieren
c ☐ Durch Tauchgrundieren
d ☐ Durch Zinkphosphatieren

---

**400. Bei welchen Fahrzeugteilen kommt es am ehesten zu Lackschäden durch mechanische Beanspruchung ?**

a ☒ Einstiegschweller
b ☐ Motorhaube
c ☐ Kotflügel
d ☐ Kofferdeckel

---

**401. Welche Fahrzeugteile müssen vor einer Ganzlackierung unbedingt abgebaut werden?**

a ☐ Frontklappe und Kofferdeckel
b ☒ Beschlagteile, wie Zierleisten, Stoßfänger und ähnlichem
c ☐ Räder
d ☐ Verteiler und Batterie

---

# Lackierverfahren, Lackiersysteme

**402. Welche Bedeutung hat der Begriff „Applikation“?**

a ☐ Beschleunigte Trocknung
b ☐ Entfernung alter Beschichtungen
c ☒ Auftrag von Beschichtungsstoffen
d ☐ Reinigung alter Beschichtungen

---

**403. Mit welchem Verfahren kann man Stahlblech mit Kunststoff beschichten?**

a ☒ Durch Pulverbeschichten
b ☐ Durch Feuerverzinken
c ☐ Durch Phosphatieren
d ☐ Durch Galvanisieren

---

**404. Welches Verfahren ist hier dargestellt?**

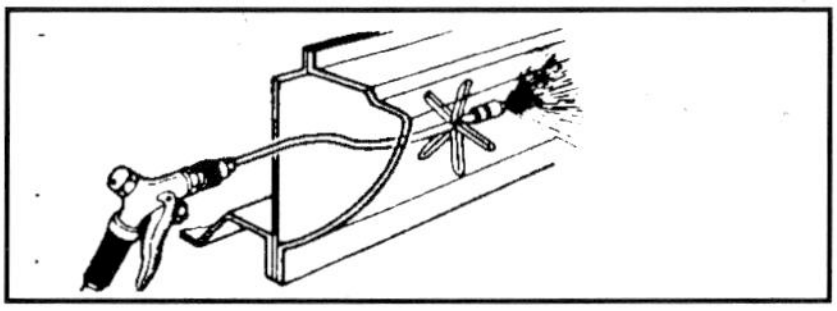

a ☐ Tauchgrundieren
b ☒ Hohlraumversiegeln
c ☐ Innenlackieren
d ☐ Elektrotauchgrundieren

---

**405. Welches Verfahren bietet optimalen Schutz in Fahrzeughohlräumen?**

a ☐ Ausschäumen mit PU-Schaum
b ☒ Konservieren mit Öl-/Wachs-Gemischen
c ☐ Ausgießen mit Dichtstoffen
d ☐ Beschichten mit PVC-Massen

---

**406. Welches Verfahren ist hier dargestellt?**

a ☐ Aufbringen von Unterbodenschutz
b ☐ Entfetten
c ☒ Grundier-Tauchbad
d ☐ Füller-Auftrag

---

## 407. Welcher Vorgang bei Fahrzeugkarosserien wird hier schematisch dargestellt?

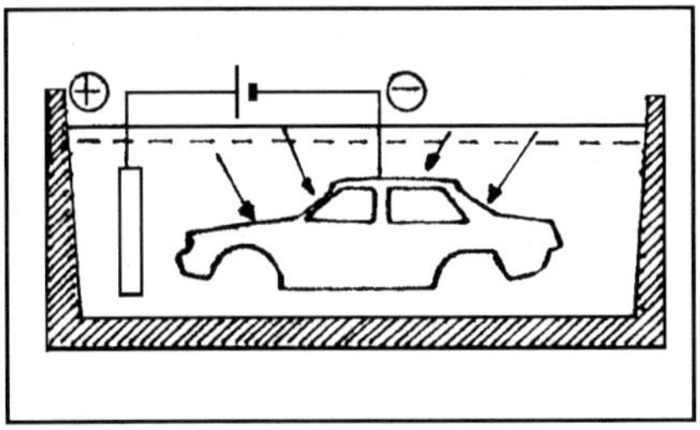

a ☐ Entfetten der Karosserie
b ☐ Verzinken der Karosserie
c ☐ Bondern oder Phosphatieren der Karosserie
d ☐ Grundieren mit Hilfe der Elektrophorese

---

## 408. Die einzelnen Arbeitsschritte einer Serienlackierung sind nach der Zeichnung zuzuordnen.

408.1 ____ Unterbodenschutz aufbringen
408.2 ____ Phosphatierung-Tauchspülen
408.3 ____ Automatischer Füllerauftrag
408.4 ____ Elektrostatische Decklackierung
408.5 ____ Grundierung Tauschspülen
408.6 ____ Entfetten, Spülen, Phosphatieren
408.7 ____ Füllerauftrag trocknen
408.8 ____ Fehlstellen in der Grundierung schleifen
408.9 ____ Trocknen des Decklacks
408.10____ Reinigen der grundierten Karosserie
408.11____ Vorreinigen der Karosserie
408.12____ Grundierung trocknen
408.13____ Vorreinigen zur Decklackierung
408.14____ Karosserie-Nähte abdichten
408.15____ Grundierung nachspülen
408.16____ Fehlstellen im Füller schleifen
408.17____ Grundieren der Karosserie im Elektrophorese-Tauchbad
408.18____ Endkontrolle

---

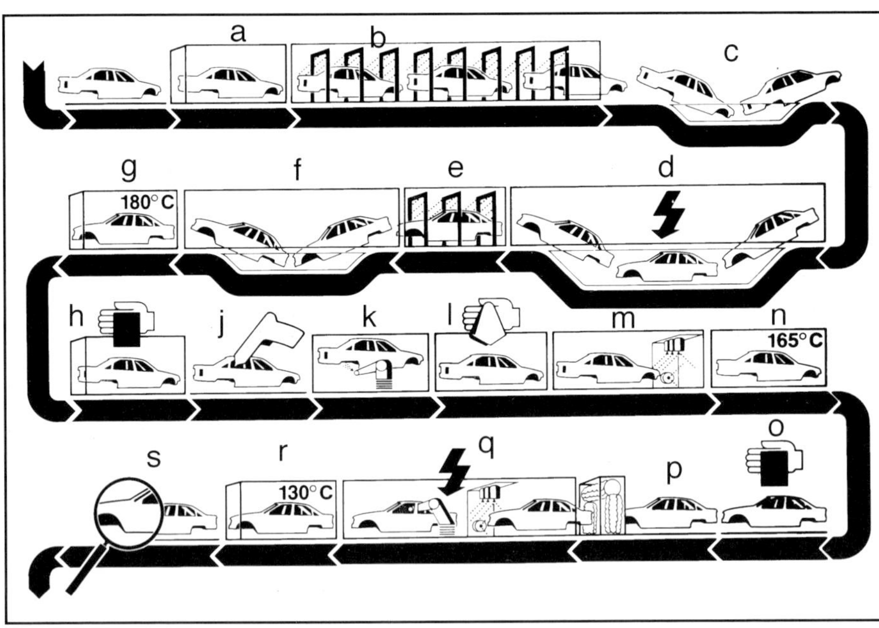

**409. Die Bestandteile des Elektrophorese-Tauchbades sind ihrer Funktion zuzuordnen.**

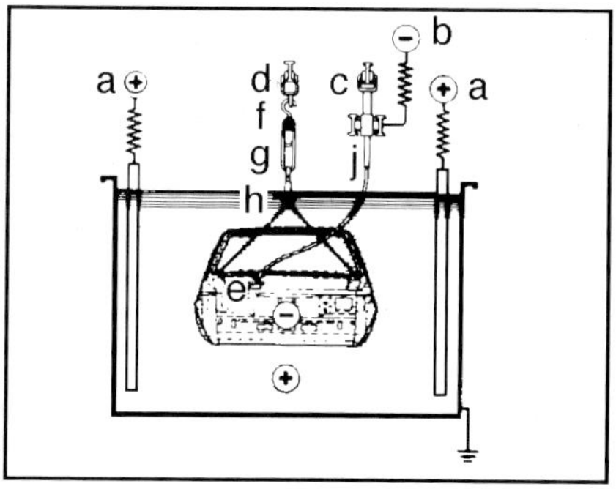


409.1 ____ Stromzuführung
409.2 ____ Aufhängung
409.3 ____ Transportband
409.4 ____ Kathode
409.5 ____ Tauchbecken
409.6 ____ Hilfselektrode
409.7 ____ Isolation zum Transportband
409.8 ____ Zuleitung zur Hilfselektrode
409.9 ____ Anode

---

**410. In welchem Verfahren werden Rohkarosserien beim Hersteller mit der Grundbeschichtung versehen?**

a ☐ Im Flutverfahren
b ☐ Im Pulverbeschichtungs-Verfahren
c ☐ Im Elektrophorese-Verfahren
d ☐ Im Elektrostatischen-Verfahren

---

**411. Welche Objekte können nicht im Elektrotauch-Verfahren beschichtet werden?**

a ☐ Teile aus Kunststoff
b ☐ Teile aus Aluminium
c ☐ Teile aus verzinktem Stahlblech
d ☐ Stahlkugeln

---

**412. Welche Vorteile hat das Elektrotauchlackieren?**

a ☐ Es bilden sich besonders dicke Schichten
b ☐ Es bilden sich haftfeste und korrosionsschützende Schichten
c ☐ Es bilden sich besonders elastische Schichten
d ☐ Es bilden sich reversible Schichten

---

**413. Mit welchem Hilfsmittel kann eine Beschichtung von schwierigen Hohlräumen bei der Elektrophorese vorgenommen werden?**

a ☐ Durch Fluten
b ☐ Durch Tauchen
c ☐ Mit Hilfselektroden
d ☐ Mit Handpistolen

---

**414. Was versteht man unter „Kathaphorese"?**

a ☐ Das Lackmaterial wird beim Verlassen der Pistole negativ aufgeladen
b ☐ Das Lackmaterial wird beim Verlassen der Pistole positiv aufgeladen
c ☐ Das Werkstück wird negativ aufgeladen, das Lackmaterial positiv
d ☐ Das Werkstück wird positiv aufgeladen, Tauchbecken und Lackmaterial negativ

---

**415. Welchen für das elektrostatische Lackierverfahren typischen Effekt zeigt die Abbildung?**

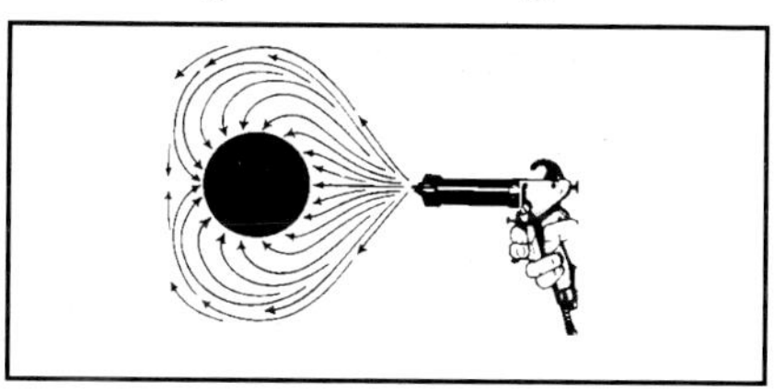

a ☐ Abgriff
b ☐ Umgriff
c ☐ Rückprall
d ☐ Rückstoß

---

**416. Welchen Vorteil bietet das elektrostatische Lackierverfahren?**

a ☐ Es können sich keine Läufer bilden
b ☐ Das Material muß nicht verdünnt werden
c ☐ Weniger Lackverlust
d ☐ Das Beschichtungsmaterial läßt sich schneller auftragen

---

**417. Was bewirkt der Umgriff beim elektrostatischen Spritzverfahren?**

a ☐ Vorherbestimmbare Schichtdicke
b ☐ Bessere Verteilung der Bindemittel
c ☐ Gleichmäßiges Beschichten von Flächen und Kanten
d ☐ Beschleunigte Durchtrocknung

---

**418. Welches Lackierverfahren wird als Reflow-Verfahren bezeichnet?**

a ☐ Pulverbeschichtungs-Verfahren
b ☐ Thermoplastisches Lackierverfahren
c ☐ Elektrotauchlackierung
d ☐ Lackierverfahren für Blechbänder

---

**419. Welches ist das gebräuchlichste Spritzverfahren zur Reparaturlackierung von Fahrzeugen?**

a ☐ Airless-Verfahren
b ☐ Niederdruck-Verfahren
c ☐ Hochdruck-Verfahren
d ☐ Elektrostatisches-Verfahren

---

**420. Welches Spritzverfahren zeigt die Abbildung?**

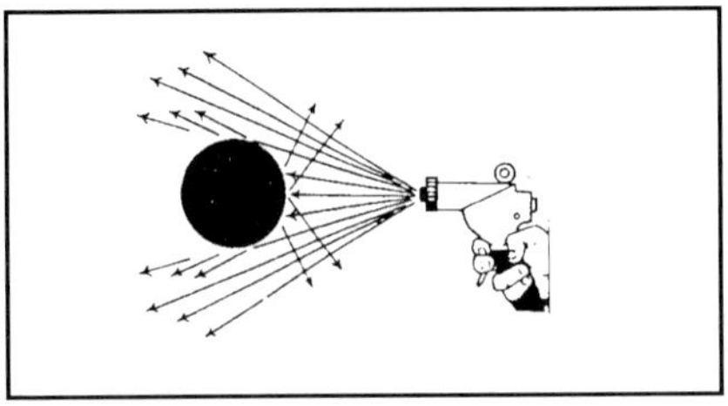

a ☐ Hochdruck-Verfahren
b ☐ Elektrostatisches-Verfahren
c ☐ Niederdruck-Verfahren
d ☐ Elektrophorese-Verfahren

---

**421. Die Spritzverfahren sind den Abbildungen zuzuordnen.**

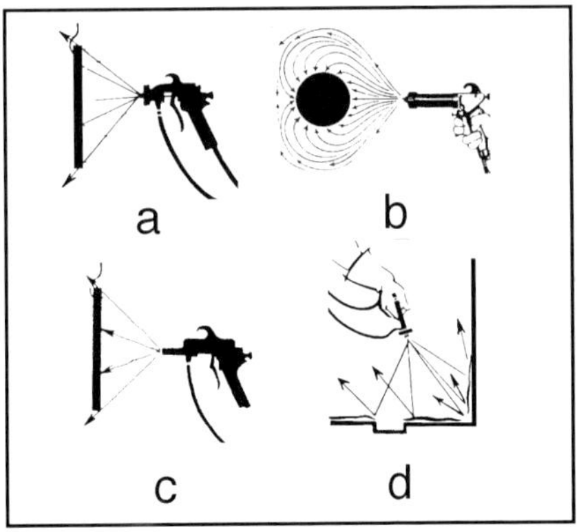


421.1 ____ Airless-Verfahren
421.2 ____ Hochdruck-Verfahren
421.3 ____ Kombiniertes Airless-Verfahren
421.4 ____ Elektrostatisches-Verfahren

---

**422. Wie wird beim Hochdruckspritzen das Spritzgut zerstäubt?**

a ☐ Durch reinen Materialdruck
b ☐ Durch Entspannen nach Verlassen der Farbdüse
c ☐ Durch Druckluft
d ☐ Durch Luftdruck

---

**423. Welches Lackiersystem eignet sich besonders zum rationellen Beschichten größerer Objekte?**

a ☐ Saugsystem
b ☐ Umlaufsystem
c ☐ Airless-System
d ☐ Fließsystem

---

**424. Bei welchen Lackierverfahren gibt es keinen Material-Rückprall?**

a ☐ Beim Niederdruck-Verfahren
b ☐ Beim Hochdruck-Verfahren
c ☐ Beim Airless-Verfahren
d ☐ Beim Heißspritzverfahren

---

**425. Wie wird beim Airless-Verfahren das Spritzgut befördert?**

a ☐ Durch Materialdruck
b ☐ Durch Druckluft
c ☐ Durch Sogwirkung an der Pistole
d ☐ Durch Luft- und Materialdruck

---

**426. Welche Nachteile hat das Airless-Verfahren gegenüber dem normalen Hochdruckverfahren?**

a ☐ Die Spritznebelbildung ist wesentlich höher
b ☐ Die Gefahr der Läuferbildung ist größer
c ☐ Der Lack muß dünnflüssiger eingestellt werden
d ☐ Es lassen sich nur kleine Flächen beschichten

---

**427. Welche Objekte eignen sich besonders zur Lackierung im Airless-Verfahren?**

a ☐ Kunststoffteile
b ☐ Lose Fahrzeugteile
c ☐ Motorräder
d ☐ Nutzfahrzeuge

---

**428. Bei welchem Lackierverfahren kann man besonders Material sparen?**

a ☐ Beim Niederdruckverfahren
b ☐ Beim Hochdruckverfahren
c ☐ Beim Heißspritzverfahren
d ☐ Beim Air-Mix-Verfahren

---

**429. Worin liegt der Vorteil des Heißspritzverfahrens?**

a ☐ Größere Schichtdicken und Verdünnungsersparnis
b ☐ Es entsteht kein Spritznebel
c ☐ Es kann mit geringerem Druck gespritzt werden
d ☐ Durch den Umgriff entstehen keine Materialverluste

---

**430. Wo wird vorwiegend das elektrostatische Lackierverfahren angewendet?**

a ☐ Bei LKW-Lackierungen
b ☐ Bei Mehrfarbenlackierungen
c ☐ Bei industriellen Lackierungen
d ☐ Bei PKW-Reparaturlackierungen

---

**431. Was versteht man unter dem Begriff „einen Kreuzgang" spritzen?**

a ☐ Einen überlappenden kreisförmigen Spritzgang
b ☐ Zwei sich im Winkel von 90° überlappende Spritzgänge
c ☐ In die angrenzende Fläche ausnebeln
d ☐ Lackieren entgegen dem Uhrzeigersinn

---

**432. Was bedeutet überlappend spritzen?**

a ☐ Einen Kreuzgang spritzen
b ☐ Anschlußstellen ausnebeln
c ☐ Beim zweiten Spritzgang den ersten um die Hälfte überdecken
d ☐ Bei Metallics in die Nachbarfläche sprühen

---

**433. Was versteht man unter „satt“ lackieren?**

a ☐ Mehrere Schichten mit Zwischenschliff aufbringen
b ☐ Mehrere Schichten mit Zwischentrocknung aufbringen
c ☐ Eine hohe Naßschichtdicke aufbringen
d ☐ Das Material möglichst dünnflüssig aufbringen

---

**434. Was versteht man unter „Kantenflucht“?**

a ☐ Das Material bleibt vor den Kanten stehen
b ☐ Das Material läuft senkrecht ab
c ☐ Das Material zieht sich von den Kanten weg
d ☐ Das Material bildet an den Kanten Läufer

---

**435. Wie nennt man die abgebildete Lackiertechnik?**

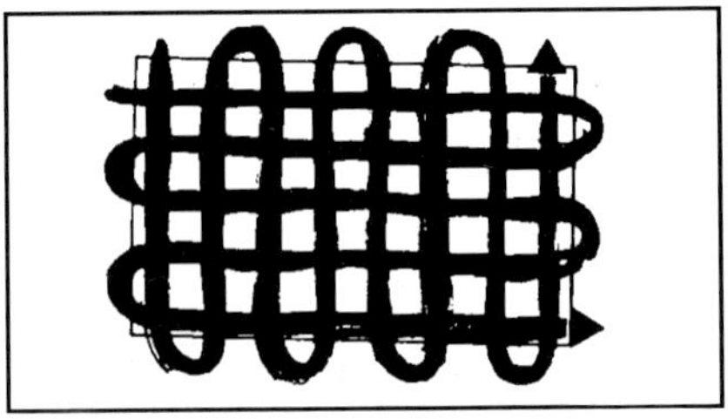

a ☐ Beilackieren
b ☐ Ein Kreuzgang
c ☐ Ein halber Kreuzgang
d ☐ Zwei Kreuzgänge

---

**436. Welche Schichtstärke wird in der Regel bei 2K-Acryllack mit einem Kreuzgang erreicht?**

a ☐ 10 - 15 µm
b ☐ 20 - 30 µm
c ☐ 40 - 60 µm
d ☐ 80 - 90 µm

---

**437. Mit welchem Betriebsdruck arbeitet das Niederdruck-Verfahren?**

a ☐ 0,2 bis 0,9 bar
b ☐ 4,5 bis 6,5 bar
c ☐ 20 bis 100 bar
d ☐ 100 bis 180 bar

---

**438. Mit wieviel Druck arbeitet das Hochdruckverfahren?**

a ☐ 1,5 bar
b ☐ 3 bar
c ☐ 4,5 bar
d ☐ 10 bar

---

**439. Den Applikationsverfahren (Lackierverfahren) sind die jeweiligen Betriebsdrücke (bar) zuzuordnen.**

**Verfahren:**

a Airless-Verfahren
b Kombiniertes Airless-Verfahren
c Niederdruck-Verfahren
d Hochdruck-Verfahren

**Drücke:**

439.1 ____ 0,6 bar
439.2 ____ 5,0 bar
439.3 ____ 60 bis 70 bar
439.4 ____ 160 bis 200 bar

---

**440. Mit welchem Betriebsdruck arbeitet das Airlessverfahren?**

a ☐ 5 bar
b ☐ 100 bar
c ☐ 150 bar
d ☐ 250 bar

---

**441. Wieviel Liter Luft wird gebraucht um einen Liter Lack zu zerstäuben?**

a ☐ 100 Liter
b ☐ 500 Liter
c ☐ 1000 Liter
d ☐ 3000 Liter

---

**442. Wie groß ist der Luftverbrauch von Fließbecherpistolen pro Minute im Normaleinsatz?**

a ☐ 100 bis 130 l
b ☐ 130 bis 700 l
c ☐ 800 bis 1000 l
d ☐ 1000 bis 1500 l

---

**443. In welchem Fall wird der Spritzdruck von 5 bar auf 1,5 bar reduziert?**

a ☐ Beim Unterbodenschutz spritzen
b ☐ Beim Lackieren von Dachflächen
c ☐ Beim Übergang spritzen bei Metallic-Lackierungen
d ☐ Zum Füller spritzen

---

**444. Welche Spritzviskosität soll ein Acryl-Decklack bei einer Raumtemperatur von 20° C haben?**

a ☐ 10 bis 11 Sekunden
b ☐ 12 bis 13 Sekunden
c ☐ 14 bis 15 Sekunden
d ☐ 16 bis 18 Sekunden

---

**445. Welche Düsengröße wird im allgemeinen beim Hochdruckspritzen eines Decklacks verwendet?**

a ☐ 0,8 mm
b ☐ 1,2 mm
c ☐ 1,8 mm
a ☐ 2,0 mm

---

**446. Welche Düsengröße verwendet man zum Spritzen eines Polyester-Füllers?**

a ☐ 0,5 bis 0,8 mm
b ☐ 1,0 bis 1,5 mm
c ☐ 1,8 bis 3,5 mm
d ☐ 5 mm

---

**447. Welche Temperatur soll beim Applizieren in der Spritzkabine sein?**

a ☐ 16 bis 18° C
b ☐ 20 bis 25° C
c ☐ 30 bis 35° C
d ☐ 36 bis 40° C

---

**448. Welche Temperatur ist für die Trocknung eines 2K- Acrylackes am zweckmäßigsten?**

a ☐ 20° C
b ☐ 60° C
c ☐ 80° C
d ☐ 120° C

---

**449. Wie lange braucht ein 2K-Acryllack bis er bei einer Temperatur von 20° C montagefest getrocknet ist?**

a ☐ 2,5 Stunden
b ☐ 6 Stunden
c ☐ 12 Stunden
d ☐ 24 Stunden

---

**450. Was braucht vor einem Spritzgang nicht überprüft werden?**

a ☐ Das Lackbindemittel
b ☐ Die Viskosität
c ☐ Die Raumtemperatur
d ☐ Die Druckluft

---

### 451. Warum muß jeder Lack vor der Verarbeitung auf die richtige Spritzviskosität eingestellt werden?

a ☐ Weil Lacke in der richtigen Spritzviskosität nicht haltbar gelagert werden können
b ☐ Weil diese abhängig ist vom Spritzverfahren, der Düsengröße und dem Spritzdruck
c ☐ Weil die Viskosität vom Untergrund abhängig ist
d ☐ Weil jeder Verarbeiter seine Viskosität individuell einstellt

---

### 452. Wie wird der Beschichtungsstoff auf die richtige Spritzviskosität eingestellt?

a ☐ Durch Umrühren
b ☐ Durch Sieben
c ☐ Durch Erwärmen
d ☐ Durch Einstellen der richtigen Durchlaufzeit

---

### 453. Womit kann die Spritzviskosität eines Beschichtungsmaterials exakt gemessen werden?

a ☐ Mit DIN-Becher, Stoppuhr und Thermometer
b ☐ Mit dem Meßstab
c ☐ Am Rührstab ablaufen lassen
d ☐ Mit dem Meßbecher

---

### 454. Zu welchem Schaden führt eine falsche Einstellung der Spritzviskosität?

a ☐ Zu Verlaufsstörungen
b ☐ Zu Streifenbildung
c ☐ Zu Trocknungsstörungen
d ☐ Zu Haftungsproblemen

---

### 455. Was ist bei einer thermoplastischen Lackierung zu beachten?

a ☐ Sie kann ohne weiteres überlackiert werden
b ☐ Sie kann ohne anschleifen mit UP-Spachtel bearbeitet werden
c ☐ Sie muß vor dem Überlackieren isoliert oder entfernt werden
d ☐ Sie kann mit hoher Temperatur getrocknet werden

---

### 456. Warum darf auf eine thermoplastische Lackierung kein UP-Spachtel aufgebracht werden?

a ☐ Weil der UP-Spachtel nicht durchtrocknet
b ☐ Weil Spannungsdifferenzen zwischen Spachtel und Lack zum Reißen führen
c ☐ Weil UP-Spachtel den Farbton dieser Lackierung verändert
d ☐ Weil durch den UP-Spachtel die Lackierung zu spröde wird

---

### 457. Wie entsteht nach Reparaturlackierungen eine Unterrostung des Lackfilms besonders an Presskanten?

a ☐ Durch ungeeignetes Grundmaterial
b ☐ Die Reinigung mit Siliconentferner wurde vergessen
c ☐ Gereinigte Teile wurden mit den Händen berührt
d ☐ Durchschliffe wurden nicht mehr abgedeckt

---

### 458. Warum ist die Naßschichtdicke einer Lackierung größer als die Trockenschichtdicke?

a ☐ Weil die Füllstoffe bei der Trocknung schrumpfen
b ☐ Weil die Lösemittel noch nlcht verdunstet sind
c ☐ Weil Bindemittel und Pigment chemisch reagieren
d ☐ Weil Pigmente in den Untergrund abwandern

---

**459. Was versteht man unter einem Zwei-Schicht-Aufbau?**

a ☐ Einsatz von Basis- und Klarlack
b ☐ Einsatz von Zweikomponentenmaterial
c ☐ Einsatz von Grundierfüller und Decklack
d ☐ Einsatz von Transparentfüller und Decklack

---

**460. Was versteht man unter einem klassischen Drei-Schichten Aufbau?**

a ☐ Spachtel, Füller, Decklack
b ☐ UP-Spachtel, Füller, Decklack
c ☐ Grundierung, Spachtel, Füller, Decklack
d ☐ Füller, Decklack, Klarlack

---

**461. Warum muß ein Basislack vor dem Überlackieren mit Klarlack ablüften?**

a ☐ Weil der Klarlack den Basislack anlöst
b ☐ Wegen der hohen Schichtdicke
c ☐ Weil der Klarlack den Basislack auflöst
d ☐ Damit die Lösemittel abdunsten können

---

**462. Wie ist bei schlechter Deckfähigkeit eines Lackes vorzugehen?**

a ☐ Nicht im Kreuzgang lackieren
b ☐ Die Spritzraumtemperatur erhöhen
c ☐ Die Lackviskosität erhöhen
d ☐ Einen einheitlich deckenden Untergrund vorlegen

---

**463. Worauf ist generell bei Fahrzeugteilen zu achten, die lackiert werden sollen?**

a ☐ Daß sie nicht warm sind
b ☐ Daß sie genügend angerauht sind
c ☐ Daß sie fettfrei, rostfrei und trocken sind
d ☐ Daß sie nicht zu groß sind

---

**464. Worauf ist zu achten, wenn auf eine ältere Acryllackierung beschriftet werden soll?**

a ☐ Die Beschriftungfläche muß mit Löser angequollen werden
b ☐ Es muß ein Haftvermittler vorgelegt werden
c ☐ Die Beschriftungsfläche muß angeschliffen werden
d ☐ Es kann direkt der Beschriftungsfarbton aufgebracht werden

---

**465. Wodurch wird die Leuchtwirkung einer Tagesleuchtfarbe gesteigert?**

a ☐ Spritzen auf einen dunklen Untergrund
b ☐ Spritzen auf einen hellen Untergrund
c ☐ Hohe Schichtdicken aufbringen
d ☐ Den Klarlackauftrag dünn vornehmen

---

**466. Was bedeutet der Begriff „Nuancieren"?**

a ☐ Anpassen eines Farbtons an die Altlackierung
b ☐ Ein lackiertes Fahrzeugteil fertigmachen
c ☐ Einen Lack auf die gewünschte Konsistenz bringen
d ☐ Eine thermoplastische Lackierung auspolieren

---

**467. Was muß beim Nachnuancieren zuerst erkannt werden?**

a ☐ Ob der Farbton zu einem bestimmten Fahrzeugtyp gehört
b ☐ Mit welchem Fabrikat der Farbton gemischt ist
c ☐ In welche Richtung der Farbskala der Farbton tendiert
d ☐ Ob der Farbton mischbar ist

---

**468. Wie ist ein einwandfreier Farbtonvergleich durchzuführen?**

a ☐ Durch Auftupfen des Lackes auf das Objekt
b ☐ Durch Vergleich des nassen Lacks bei Tageslicht
c ☐ Durch Anfertigen eines Spritzmusters
d ☐ Durch Vergleich des nassen Lacks bei Kunstlicht

---

**469. Wie erreicht man eine Farbtonangleichung bei Uni-Lacken?**

a ☐ Durch veränderte Düsengröße
b ☐ Durch veränderten Spritzabstand
c ☐ Durch Nachnuancieren
d ☐ Durch veränderte Spritzstrahlbreite

---

**470. Bei welcher Lackierung ist eine Punktlackierung (Blending) am unauffälligsten möglich?**

a ☐ Bei einer Uni-Lackierung
b ☐ Bei einer Einschicht-Metallic-Lackierung
c ☐ Bei einer Zweischicht-Metallic-Lackierung
d ☐ Bei einer Perlmutteffekt-Lackierung

---

# Geräteeinsatz

**471. Welche Vorteile bietet ein Airless-Gerät?**

a ☐ Das Lackieren von Kanten ist einfacher
b ☐ Kleine Lackmengen lassen sich problemloser aufbringen
c ☐ Das Spritzgut läßt sich in einem Arbeitsgang deckend aufbringen
d ☐ Das Gerät bedarf weniger Wartung als ein Hochdruckspritzgerät

---

**472. Unter welcher Bezeichnung sind Höchstdruck-Druckluft-Spritzgeräte im Handel?**

a ☐ Air-Mix-Geräte
b ☐ Elektrische Spritzpistole
c ☐ Pneumatische Airless-Geräte
d ☐ Hydraulische Airless-Geräte

---

**473. Welches System eignet sich besonders zum Lackieren von zylindrischen Werkstücken aus Metall?**

a ☐ Tauchen
b ☐ Hochdruckspritzen
c ☐ Fluten
d ☐ Elektrostatisch lackieren

---

**474. Welche Aufgabe hat der Öl- und Wasserabscheider am Kompressor?**

a ☐ Regulierung des Drucks im Kompressor
b ☐ Reinigung der Zerstäubungsdruckluft von Öl- und Wasserbestandteilen
c ☐ Entzug der Ölbestandteile aus der Druckluft
d ☐ Entzug der Wasserbestandteile aus der Druckluft

---

**475. Welcher Schleifmaschinentyp eignet sich besonders zum Schleifen von Bordwänden aus Holz?**

a ☐ Winkelschleifmaschine
b ☐ Excenterschleifmaschine
c ☐ Vibrationsschleifmaschine
d ☐ Rundschleifmaschine

---

**476. Wie wird mit der Farbmischmaschine ein Farbton erstellt?**

a ☐ Die einzelnen Bestandteile werden nach dem Farbkatalog zusammengemischt
b ☐ Die einzelnen Bestandteile werden nach ihrer Viskosität zusammengemischt
c ☐ Die einzelnen Bestandteile werden mit dem Meßstab ermittelt
d ☐ Die einzelnen Bestandteile werden gemäß Rezeptur nach Gewicht oder Volumen zusammengebracht

---

**477. Wie ist eine Hochdruck-Spritzpistole nach dem Lackieren zu behandeln?**

a ☐ Beschichtungsmaterial ausgießen und Reste ausblasen
b ☐ Mit Reinigungsverdünnung reinigen und ausblasen
c ☐ Das Beschichtungsmaterial kann bis zum Potlife im Becher bleiben
d ☐ Die Pistole in Lösemittel legen, bis alle Beschichtungsreste gelöst sind

---

**478. Wie kann einer Hochdruckspritzpistole das Beschichtungsmaterial zugeleitet werden?**

a ☐ Material und Druckluft werden durch den gleichen Behälter zugeleitet
b ☐ Nur durch einen Farbdruckschlauch
c ☐ Durch Becher oder Farbdruckschlauch
d ☐ Mittels Anschraubkartuschen

---

**479. Die Geräte/Gerätebestandteile sind den jeweiligen Applikationsverfahren zuzuordnen.**

**Geräte/Gerätebestandteile:**

a Gebläse
b Hochdruckpumpe
c Hochspannungsgerät
d Tauchwanne
e Kompressor

**Applikationsverfahren:**

479.1 ____ Höchstdruckverfahren
479.2 ____ Hochdruckverfahren
479.3 ____ Elektrophorese
479.4 ____ Elektrostatisches Spritzen
479.5 ____ Niederdruckverfahren

---

# Lackierschäden

**480. Wodurch entstehen Lackläufer?**

a ☐ Bei nicht ausreichend durchgetrockneten Untergründen
b ☐ Durch zu glatten Füller-Auftrag
c ☐ Durch zu lange Ablüftzeit zwischen den Spritzgängen
d ☐ Bei falscher Viskosität und zu schneller Lackierfolge

---

**481. Wie läßt sich bei einer 2K-Lackierung ein Lackläufer beseitigen?**

a ☐ Überspachteln und nachlackieren
b ☐ Feinschleifen und beipolieren
c ☐ Mit der Maschine und Schleifpaste glatt polieren
d ☐ Mit dem Messer auskratzen und beipolieren

---

**482. Mit welchen Mitteln beseitigt man kleine Staubeinschlüsse?**

a ☐ Abwaschen mit Reinigungsverdünnung
b ☐ Abschleifen und neu lackieren
c ☐ Mit feinstem Schleifpapier und feiner Schleifpaste
d ☐ Mit grober Schleifpaste und Politur

---

**483. Was geschieht beim Lackieren, wenn der Lack zu dünnflüssig ist?**

a ☐ Erhöhte Gefahr der Läuferbildung
b ☐ Kraterbildung auf der Lackoberfläche
c ☐ Der Lack reißt während der Trocknung
d ☐ Der Lack runzelt beim Trocknen

---

### 484. Was kann geschehen, wenn der Decklack zu stark verdünnt wird?

a ☐ Die Deckkraft nimmt stark ab
b ☐ Die Lackierung kann hochgehen
c ☐ Die Lackierung kann runzeln
d ☐ Die Lackierung kann streifig werden

---

### 485. Was kann geschehen, wenn dem Lack falsches Verdünnungsmittel zugesetzt wurde?

a ☐ Die Füllstoffe setzen sich ab
b ☐ Der Lack verändert seinen Farbton
c ☐ Es kommt zu Kraterbildung
d ☐ Es kommt zu Oberflächenstörungen

---

### 486. Zu welchem Schaden kann es bei einer zu hohen Spritzviskosität kommen?

a ☐ Zu Streifenbildung
b ☐ Zum Durchschlagen
c ☐ Rauhes Spritzbild
d ☐ Zu Ausschwimmerscheinungen

---

### 487. Was geschieht,wenn die Raumtemperatur beim Lackieren zu hoch ist?

a ☐ Die Läuferbildung ist besonders hoch
b ☐ Die Oberfläche wird besonders glatt
c ☐ Überlappende Spritzgänge bleiben zu grob stehen
d ☐ Der Lack zieht sehr schlecht an

---

### 488. Welcher Einfluß führt bei einer Lackierung zu Glanzminderung?

a ☐ Falsche Pistolenführung
b ☐ Lackierobjekt und Lackierraum zu kalt
c ☐ Zu dicker Lackierauftrag
d ☐ Zu rasche Trocknung

---

### 489. Was kann die Ursache abplatzender Lackschichten sein?

a ☐ Zu hoher Glanzgrad
b ☐ Zu hohe Elastizität
c ☐ Zu rauher Untergrund
d ☐ Spannungen innerhalb des Beschichtungsaufbaus

---

### 490. Wodurch kann bei einer Lackierung ein „Apfelsinenschaleneffekt“ entstehen?

a ☐ Falsche Pistolenführung, zuviel Verdünnungszusatz
b ☐ Zu niedrige Spritzviskosität
c ☐ Zu hohe Spritzviskosität
d ☐ Falsches Verdünnungsmittel

---

### 491. Wie können lackierte Teile mit Lackkochern in Ordnung gebracht werden?

a ☐ Bis zum Untergrund grob anschleifen, isolieren und neu aufbauen
b ☐ Lackkocher mit UP-Spachtel ausgleichen und neu lackieren
c ☐ Bis zur Füllerschicht naß schleifen und neu lackieren
d ☐ Abbeizen und Teile neu aufbauen

---

### 492. Was ist die Ursache für das Durchschlagen/Durchbluten von Spachtelflecken bei Metallic-Lackierungen?

a ☐ Falsche Lackverdünnung
b ☐ Falsches Füllermaterial
c ☐ Zuviel Härterzugabe
d ☐ Zuwenig Härterzugabe

---

**493. Wie verhindert man ein Durchbluten einer Altlackierung am zweckmäßigsten?**

a ☐ Überspritzen mit Füller
b ☐ Überspritzen mit Spritzspachtel
c ☐ Spachteln mit UP-Spachtel
d ☐ Überspritzen mit Metalleffektlack (Aluminium)

---

**494. Wie sind siliconverseuchte Altlackierungen zu behandeln?**

a ☐ Abreiben mit Siliconentferner
b ☐ Abbeizen und neu aufbauen
c ☐ Abschleifen der oberen Lackschicht
d ☐ Mit dem Dampfstrahler reinigen

---

**495. Wic werden auf einer Altlackierung Teer, Wachs- und Siliconreste entfernt?**

a ☐ Durch Waschen und trocken anschleifen
b ☐ Durch Reinigen mit Siliconentferner
d ☐ Durch Netzmittelwäsche und anschleifen
d ☐ Durch Abwaschen mit Benzin

---

**496. Welche Störung kann eine siliconverseuchte Oberfläche bei der Lackierung verursachen?**

a ☐ Kraterbildung
b ☐ Blasenbildung
c ☐ Rißbildung
d ☐ Ausschwimmerscheinungen

---

**497. Wodurch kann es zu einer Kraterbildung während des Lackierens kommen?**

a ☐ Durch zu niedrige Raumtemperatur
b ☐ Durch Öl- oder Siliconeinschlüsse
c ☐ Durch zu geringen Spritzdruck
d ☐ Durch zu hohen Spritzdruck

---

**498. Woher stammen Siliconreste auf Fahrzeugen?**

a ☐ Von Verunreinigungen aus dem Schleifwasser
b ☐ Von Polituren mit denen das Fahrzeug behandelt wurde
c ☐ Vom zu hohen Härteranteil im Decklack
d ☐ Vom sauren Regen

---

**499. Wie wird leichter Spritznebel von schlecht abgedeckten Lackflächen entfernt?**

a ☐ Durch Polieren
b ☐ Mit Siliconentferner
c ☐ Mit Schleifpad
d ☐ Durch Feinschleifen

---

# Prüfverfahren

**500. Womit mißt man zerstörungsfrei die Dicke einer Verzinkung auf Stahlblech?**

a ☐ Mit einem Trockenschichtdickenmesser
b ☐ Mit einem magnetischen Schichtdickenmesser
c ☐ Mit einer Mikrometerschraube
d ☐ Mit einem Viskosimeter

---

**501. Für welchen Untergrund kann man Schichtdickenmeßgeräte einsetzen, die auf dem magnetischen oder elektromagnetischen Prinzip beruhen ?**

a ☐ Bei Aluminium
b ☐ Bei Holz
c ☐ Bei Stahlblech
d ☐ Bei Kunststoff

---

**502. Wie nennt man das abgebildete Prüfverfahren?**

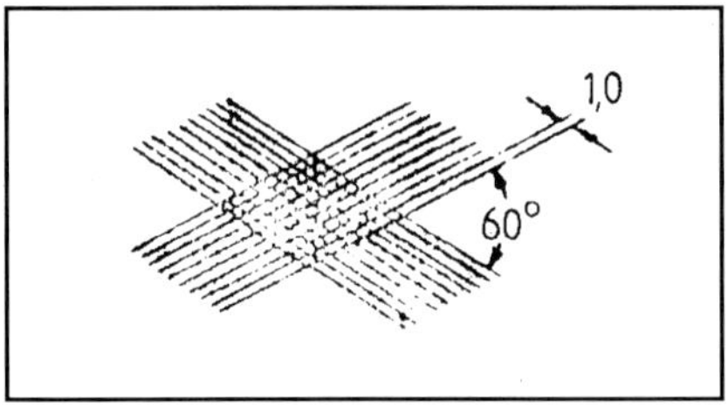


a ☐ Gitterschnitt
b ☐ Abrißprobe
c ☐ Schichtdickenmessung
d ☐ Spanprobe

---

**503. Wofür wird die Gitterschnittprüfung eingesetzt?**

a ☐ Prüfen auf Siliconrückstände
b ☐ Prüfen der Schichtdicke einer Lackierung
c ☐ Prüfen der Untergrundbeschaffenheit einer Lackierung
d ☐ Prüfen der Haftfestigkeit einer Lackierung

---

**504. Mit welcher einfachen Methode kann man die Haftfestigkeit einer Altlackierung überprüfen?**

a ☐ Durch Anschleifen
b ☐ Durch Abrissprobe und Gitterschnitt
c ☐ Durch Lösemittelprobe
d ☐ Durch Kratzprobe

---

**505. Welche Altlackierung ist problemlos überlackierbar?**

a ☐ Eine thermoplastische Lackierung
b ☐ Eine Einschicht-Metallic-Lackierung
c ☐ Eine Acryllackierung
d ☐ Jede durchgehärtete Lackierung

---

**506. Wie kann man überprüfen,ob es sich um eine thermoplastische Lackierung handelt?**

a ☐ Durch Gitterschnitt
b ☐ Durch Abrissprobe
c ☐ Durch Kratzprobe
d ☐ Durch Lösemittelprobe

---

**507. Wie läßt sich die Viskosität eines Lackes am genauesten messen?**

a ☐ Mit dem Meßstab
b ☐ Mit dem Rührholz
c ☐ Mit dem DIN-Becher und Stoppuhr
d ☐ Mit dem Augenmaß

---

**508. Mit welchem Gerät mißt man die Holzfeuchtigkeit?**

a ☐ Mit dem Hydromat
b ☐ Mit dem Hygrometer
c ☐ Mit Barometer
d ☐ Mit dem Manometer

---

**509. Wie läßt sich die Kunststoffart eines Fahrzeugteils vor der Lackierung ermitteln?**

a ☐ Am Farbton
b ☐ Durch Schleifprobe
c ☐ Durch Benetzungsprobe
d ☐ Durch Herstellerinformation oder mit Hilfe eines Test-Sets

---

**510. Wie kann man eine Zweischicht-Metallic-Lackierung erkennen?**

a ☐ Durch Anschleifen
b ☐ Durch Augenschein
c ☐ Durch Abreißprobe
d ☐ Durch Tüpfeltest

---

**511. Wie kann eine matte Altlackierung wieder aufgefrischt werden?**

a ☐ Mit Lösemittel abreiben
b ☐ Mit Konservierungsmittel einreiben
c ☐ Mit Polierpaste aufpolieren
d ☐ Mit heißem Wasser und Schmierseife abwaschen

---

**512. Was versteht man unter dem Begriff „Finish"?**

a ☐ Die Decklackierung
b ☐ Das Füllerschleifen
c ☐ Das Polieren der Lackierung
d ☐ Die abschließende Arbeit nach der Lackierung

---

**513. Die nachfolgend abgebildeten Piktogramme sind ihrer Bedeutung zuzuordnen.**

**Oberflächenvorbereitung, Oberflächenbearbeitung**

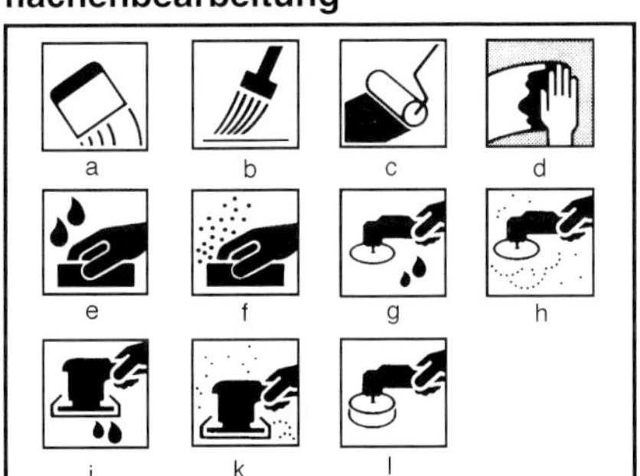


513.1 ____ Reinigen
513.2 ____ Von Hand schleifen, trocken
513.3 ____ Polieren
513.4 ____ Spachteln
513.5 ____ Mit Excenter schleifen, naß
513.6 ____ Von Hand schleifen, naß
513.7 ____ Mit Schwingschleifer schleifen, trocken
513.8 ____ Rollen
513.9 ____ Mit Schwingschleifer schleifen, naß
513.10 ____ Streichen

---

**514. Die nachfolgend abgebildeten Piktogramme sind ihrer Bedeutung zuzuordnen.**

**Verarbeitung**

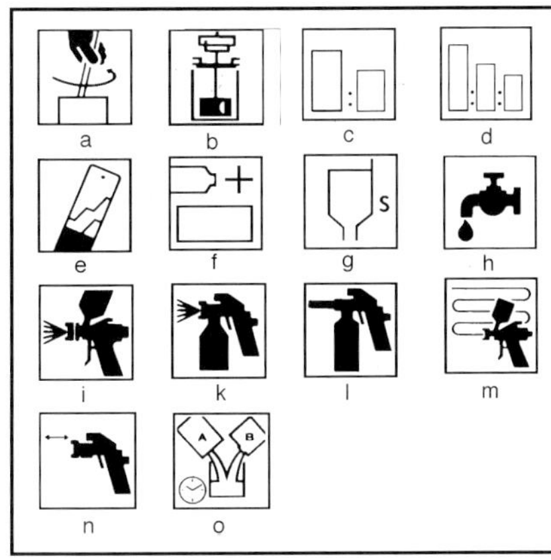


514.1 ____ Spritzabstand
514.2 ____ Aufrühren
514.3 ____ Härterzugabe
514.4 ____ Spritzgänge
514.5 ____ Mischungsverhältnis, 3Komponenten
514.6 ____ UB-Pistole
514.7 ____ Aufrühren in der Mischmaschine
514.8 ____ Fließbecherpistole
514.9 ____ Mischungsverhältnis, 2Komponenten
514.10 ____ Wasserverdünnbar
514.11 ____ Saugbecherpistole
514.12 ____ Topfzeit
514.13 ____ Meßstab verwenden
514.14 ____ Verarbeitungsviskosität

---

## 515. Die nachfolgend abgebildeten Piktogramme sind ihrer Bedeutung zuzuordnen.

### Trocknen

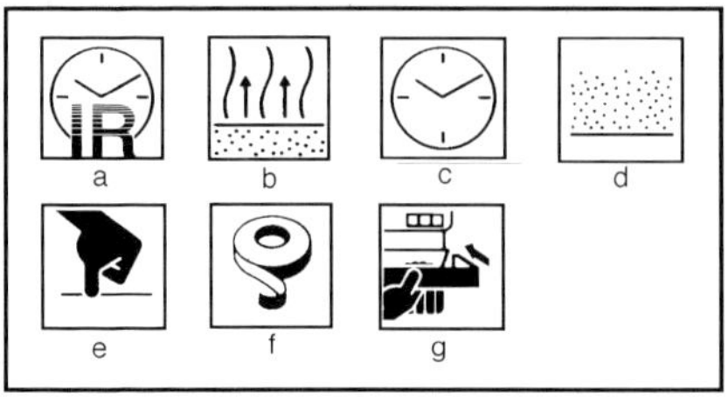


515.1 ____ Wisch- und Berührungsfest
515.2 ____ Ablüften
515.3 ____ Abdeckbandfest
515.4 ____ Staubtrocken
515.5 ____ Trockenzeit
515.6 ____ Montagefest
515.7 ____ Infrarot-Trocknung

---

## 516. Die nachfolgend abgebildeten Piktogramme sind ihrer Bedeutung zuzuordnen.

### Allgemeine Informationen / Sicherheitsinformationen

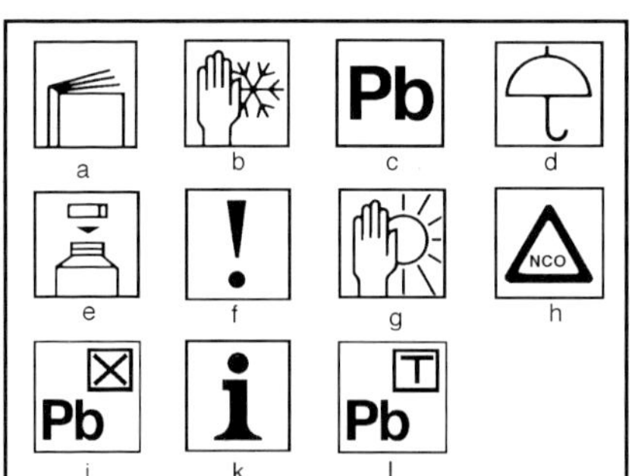


516.1 ____ Kühl lagern
516.2 ____ Siehe Merkblatt
516.3 ____ Information am Stützpunkt
516.4 ____ Gebinde verschliessen
516.5 ____ Enthält mehr als 1,0 % lösliches Blei
516.6 ____ Vor Feuchtigkeit schützen
516.7 ____ Produkt enthält Isocyanad
516.8 ____ Frostfrei lagern
516.9 ____ Enthält mehr als 0,15 ‰ metallisches Blei
516.10____ Lack enthält Lösemittel
516.11____ Enthält mehr als 0,5 % Bleichromat

---

## 517. Die nachfolgend abgebildeten Piktogramme sind ihrer Bedeutung zuzuordnen.

### Farbtonangaben zu Mischformeln

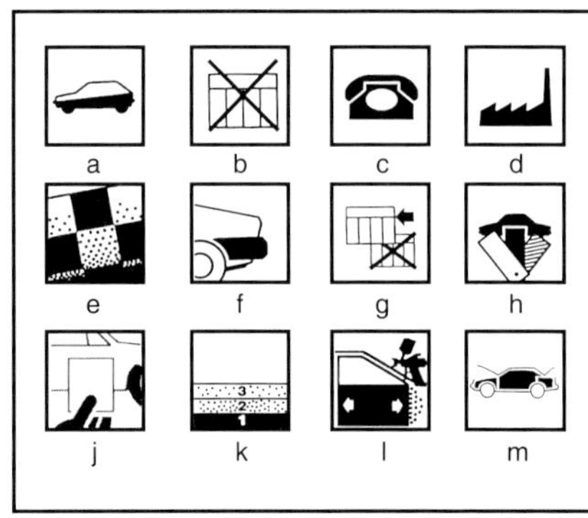


517.1 ____ Eingeschränkte Deckfähigkeit
517.2 ____ In angrenzendes Teil Übergang lackieren
517.3 ____ Farbton existiert in Nuancen
517.4 ____ Formel in Arbeit, nächsten Stützpunkt fragen
517.5 ____ Mehrfarbenlackierung
517.6 ____ Farbton vergleichen
517.7 ____ Farbton für Anbauteil
517.8 ____ Dreischichtiger Farbton
517.9 ____ Farbton nicht mischbar
517.10____ Spezialfarben, Anbauteile-, Motorraum-, Kofferraum-Innenlackierung
517.11____ Farbton ab Werk lieferbar
517.12____ Formel wurde verändert

# Form und Farbe

## Farbenlehre

**518. Welche Farbmischung unterscheidet die Farbenlehre?**

a ☐ Die primäre und subtraktive Farbmischung
b ☐ Die additive und subtraktive Farbmischung
c ☐ Die additive und sekundäre Farbmischung
d ☐ Die primäre und sekundäre Farbmischung

---

**519. Welches sind die Grund- oder Primärfarben?**

a ☐ Rot, Gelb, Grün
b ☐ Schwarz, Weiß, Rot
c ☐ Blau, Orange, Grün
d ☐ Rot, Gelb, Blau

---

**520. Welche Farben sind Komplementärfarben?**

a ☐ Rot - Gelb
b ☐ Gelb - Violett
c ☐ Grün - Blau
d ☐ Blau - Rot

---

**521. Welches ist eine Sekundärfarbe?**

a ☐ Rot
b ☐ Orange
c ☐ Gelb
d ☐ Blau

---

**522. Wie heißen die Sekundärfarben der additiven Farbmischung?**

a ☐ Grün, Blau, Violett
b ☐ Gelb, Orange, Rot
c ☐ Gelb, Rot, Blau
d ☐ Orange, Grün, Violett

---

**523. Welches ist die Komplementärfarbe von Grün?**

a ☐ Blau
b ☐ Rot
c ☐ Gelb
d ☐ Violett

---

**524. Aus welcher Mischung der Sekundärfarbe Violett mit einer weiteren Sekundärfarbe erhält man die Tertiärfarbe Blaugrau?**

a ☐ Rot
b ☐ Orange
c ☐ Gelb
d ☐ Grün

---

**525. Wie erscheint eine Oberfläche, die alle auftreffenden Lichtstrahlen reflektiert?**

a ☐ Schwarz
b ☐ Grau
c ☐ Weiß
d ☐ Hellblau

---

**526. Welcher Farbton ergibt sich aus der Mischung von Blau und Orange?**

a ☐ Violett
b ☐ Rot
c ☐ Dunkelgrau
d ☐ Weiß

---

**527. Aus welcher Mischung ergibt sich ein rötliches Grau?**

a ☐ Orange mit Violett
b ☐ Orange mit Grün
c ☐ Orange mit Blau
d ☐ Orange mit Schwarz

---

**528. Wie verändert sich ein Gelb durch Beimischung von Schwarz?**

a ☐ Nach Oliv
b ☐ Nach Grau
c ☐ Nach Blau
d ☐ Nach Braun

---

**529. Welchen Farbton muß man Schwarz beimischen, um einen bräunlichen Farbton zu erzielen?**

a ☐ Violett
b ☐ Gelb
c ☐ Rot
d ☐ Grün

---

**530. Welcher Farbton ist der wärmste im Farbkreis?**

a ☐ Rotorange
b ☐ Türkis
c ☐ Gelb
d ☐ Violett

---

**531. Welcher Farbton ist der kälteste im Farbkreis?**

a ☐ Ultramarinblau
b ☐ Blaugrün
c ☐ Kadmiumrot
d ☐ Violett

---

**532. Welche Farbe wird als „kalt" bezeichnet?**

a ☐ Blau
b ☐ Orange
c ☐ Gelb
d ☐ Rot

---

**533. Welche Farbe wird als „warm" bezeichnet?**

a ☐ Türkis
b ☐ Gelbgrün
c ☐ Rotorange
d ☐ Hellblau

---

**534. Welcher Farbton wird als „neutral" bezeichnet?**

a ☐ Braun
b ☐ Gelb
c ☐ Grün
d ☐ Grau

---

**535. Bei welcher Farbmischung entsteht ein neutrales Grau?**

a ☐ Violett und Orange
b ☐ Rot und Grün
c ☐ Gelb und Schwarz
d ☐ Orange und Schwarz

---

**536. Wie kann man einen Weißfarbton optisch noch heller machen?**

a ☐ Durch Zugabe von Blau
b ☐ Durch Zugabe von Rot
c ☐ Durch Zugabe von Grün
d ☐ Durch Zugabe von Schwarz

---

**537. Wie wird der Rotstich eines Farbtons korrigiert?**

a ☐ Durch Zugabe von Grün
b ☐ Durch Zugabe von Hellrot
c ☐ Durch Zugabe von Blau
d ☐ Durch Zugabe von Grau

---

**538. Welche Teilchengröße bei Metallic-Silber erscheint am hellsten?**

a ☐ Kleine Alu-Plättchen
b ☐ Mittelgroße Alu-Plättchen
c ☐ Große Alu-Plättchen
d ☐ Sehr große Alu-Plättchen

---

**539. Womit kann ein Metallic-Farbton aufgehellt werden?**

a ☐ Mit Weiß
b ☐ Mit Lasurweiß
c ☐ Mit Silber
d ☐ Mit Perlmuttweiß

---

**540. Welcher Farbton läßt ein Fahrzeug optisch größer erscheinen?**

a ☐ Weiß
b ☐ Schwarz
c ☐ Braun
d ☐ Dunkelgrau

---

**541. Welche Fahrzeugfarbe wirkt dynamisch?**

a ☐ Weiß
b ☐ Gelb
c ☐ Rot
d ☐ Blau

---

**542. Welche Autofarbe ist bei Regenwetter am besten zu erkennen?**

a ☐ Silbergrau
b ☐ Blau-Metallic
c ☐ Grün
d ☐ Orange

---

**543. Welche Farbzusammenstellung ist für eine Zweifarbenlackierung eines Fahrzeugs optisch ungünstig?**

a ☐ Schwarz - Weiß
b ☐ Rot - Grün
c ☐ Schwarz- Rot
d ☐ Grün - Beige

---

**544. Welche Vorstellung drückt der Farbton Violett aus?**

a ☐ Sehnsucht
b ☐ Zeitlosigkeit
c ☐ Würde
d ☐ Leidenschaft

---

**545. Welche Wirkung auf Gefühl und Stimmung hat die Farbe Blau?**

a ☐ Belebend, anregend, erwärmend
b ☐ Anregend, lebhaft, strahlend
c ☐ Beruhigend, erfrischend, naturhaft
d ☐ Beruhigend, ausgleichend, abkühlend

---

**546. Welche symbolische Bedeutung wird mit dem Farbton Gelb verbunden?**

a ☐ Liebe, Leidenschaft, Dynamik
b ☐ Pracht, Macht, Reichtum
c ☐ Licht, Eifersucht, Neid
d ☐ Reinheit, Sauberkeit, Unschuld

---

**547. Welche Wirkung hat Grün auf Gefühl und Stimmung des Menschen?**

a ☐ Erregend, lebhaft, aktivierend
b ☐ Schlicht, beruhigend, erfrischend
c ☐ Ernsthaft, abkühlend, festigend
d ☐ Anregend, lebhaft, strahlend

---

**548. Welche Farbkombination ist für die Gestaltung einer Kühlwaren-Abteilung in einem Supermarkt geeignet?**

a ☐ Blau-Weiß-Grün
b ☐ Braun-Orange-Rot
c ☐ Gelb-Rot-Olivgrün
d ☐ Grau-Schwarz-Weiß

---

**549. Welcher Anmutungsfarbton kann für eine Beschriftung auf einem weißen Lieferwagen für eine Bäckerei vorgeschlagen werden?**

a ☐ Blau
b ☐ Olivgrün
c ☐ Violett
d ☐ Braun

---

**550. Welcher Zusammenhang besteht besteht zwischen Fahrzeugfarbe und Fahrzeug-Innenraumtemperatur bei starker Sonneneinstrahlung?**

a ☐ Je heller, desto wärmer
b ☐ Je dunkler, desto kühler
c ☐ Je heller, desto kühler
d ☐ Der Farbton hat keinen Einfluß auf die Innentemperatur

---

**551. Wie nennt man es, wenn parallele Lichtstrahlen auf eine polierte Lackfläche treffen und von dort reflektiert werden?**

a ☐ Absoption
b ☐ Remission
c ☐ Gerichtete Reflexion
d ☐ Diffuse Reflexion

---

**552. Von welcher Oberfläche wird Licht diffus reflektiert?**

a ☐ Von hochglänzenden Chromteilen
b ☐ Von polierten Lackflächen
c ☐ Von einer seidenglänzend lackierten Tür
d ☐ Von einer Polimentvergoldung

---

**553. Wie nennt man das Austreten von Lichtstrahlen aus einem Beleuchtungskörper?**

a ☐ Immission
b ☐ Absorbtion
c ☐ Refraktion
d ☐ Remission

---

**554. Was bedeutet „Simultan-Kontrast“ in der Farbenlehre?**

a ☐ Beim Schließen der Augen wird die Gegenfarbe sichtbar
b ☐ Dieselbe Farbe wird gleichzeitig verschiedenfarbig gesehen,wenn die Nachbarfarbe anders ist
c ☐ Die Polarität der Farben
d ☐ Gleichzeitiges Aufstreichen verschiedener Farben

---

**555. Wodurch kann man bei Gestaltungen den Simultan-Kontrast vermeiden?**

a ☐ Durch Steigerung der Kontrastfarbigkeit zwischen Objekt und Umfeld
b ☐ Durch Verringerung der Kontrastfarbigkelt zwischen Objekt und Umfeld
c ☐ Durch die Verbindung intensiv bunter und unbunter Farben
d ☐ Durch gleiche Helligkeit zwischen Farben

---

**556. Welche Farbe wird beim Sukzessivkontrast als Nachbild zu Gelb wahrgenommen?**

a ☐ Violett
b ☐ Blau
c ☐ Grün
d ☐ Orange

---

**557. Wonach wird jede Farbe beurteilt?**

a ☐ Farbton, Spektrum, Sättigung
b ☐ Farbreiz, Wellenlänge, Sättigung
c ☐ Farbton, Sättigung, Helligkeit
d ☐ Spektrum, Farbton, Farbreiz

---

**558. Welche Hauptfarbenbereiche kann man in einem Spektrum unterscheiden?**

a ☐ Rot, Orange, Gelb, Grün, Blau, Violett
b ☐ Rot, Orange, Gelb, Grün, Blau, Schwarz
c ☐ Rot, Orange, Blau, Violett, Weiß, Schwarz
d ☐ Rot, Gelb, Blau, Violett

---

**559. Wie nennt man das dritte Unterscheidungsmerkmal von Farben?**

a ☐ Kontrast
b ☐ Sättigung
c ☐ Harmonie
d ☐ Mischung

---

**560. Wie bezeichnet man Farbtöne, die aus einer genormten Skala entnommen werden?**

a ☐ MAL-Farben
b ☐ Stahl-Farben
c ☐ WAHL-Farben
d ☐ RAL-Farben

---

**561. Die Farbbezeichnungen sind ihrem Stellenwert in der RAL-Normung zuzuordnen!**

**Farbreihen:**

a 1000
b 2000
c 3000
d 4000
e 5000
f 6000
g 7000
h 8000
j 9000

561.1 ____ Rot
561.2 ____ Braun
561.3 ____ Weiß, Schwarz, Alu-Farben
561.4 ____ Grün
561.5 ____ Gelb

561.6 ____ Violett
561.7 ____ Orange
561.8 ____ Blau
561.9 ____ Grau

## Schriftlehre

**562. Wie bezeichnet man eine schräggestellte Schrift?**

a ☐ Grotesk
b ☐ Kursiv
c ☐ Schraffiert
d ☐ Schattiert

**563. Wie nennt man eine sehr schmale Linierung?**

a ☐ Ritzer
b ☐ Striche
c ☐ Bänder
d ☐ Gurte

**564. Wie nennt man die Anordnung eines Textes auf einer Fläche?**

a ☐ Typografie
b ☐ Monotypie
c ☐ Symetrie
d ☐ Geometrie

**565. Wie nennt man die harmonische Unterteilung einer Strecke oder Fläche?**

a ☐ Scherenschnitt
b ☐ Schnittzeichnung
c ☐ Goldener Schnitt
d ☐ Einteilung

**566. Was bedeutet der Begriff „Proportion"?**

a ☐ Der Umfang einer Fläche
b ☐ Eine Maßeinheit
c ☐ Die Größe eines Körpers
d ☐ Das Größenverhältnis von Formteilen

**567. Wodurch erscheint eine Fläche optisch größer?**

a ☐ Durch ein Karomuster
b ☐ Durch dunkle Farbgebung
c ☐ Einteilung in senkrechte Streifen
d ☐ Einteilung in waagrechte Streifen

**568. Von welcher Schrift stammen alle bis heute bekannnten Schriftarten ab?**

a ☐ Von den gotischen Schriften
b ☐ Von den ägyptischen Bildsymbolen
c ☐ Von der römischen Kapitalschrift
d ☐ Von den Jugendstilschriften

**569. Was bedeutet „Serifen" bei Buchstaben?**

a ☐ Serifen sind besonders gestaltete Füßchen der Buchstaben
b ☐ Serifen sind ovale Rundungen bei Buchstaben
c ☐ Serifen sind die waagrechen Abstriche bei Buchstaben
d ☐ Serifen sind ausgeschmückte Buchstaben

**570. Wie wird die abgebildete Schrift bezeichnet?**

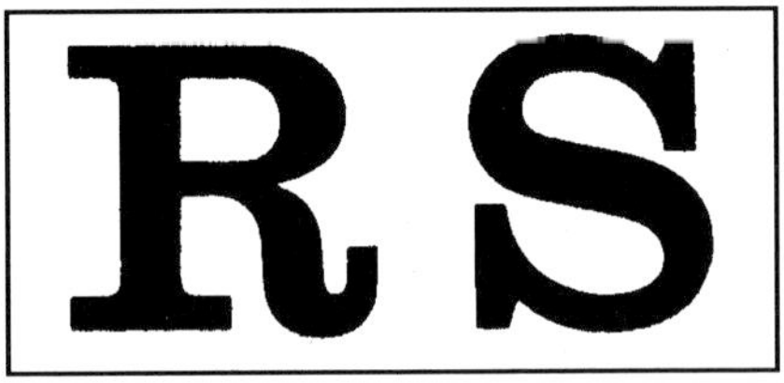


a ☐ Unziale
b ☐ Blockschrift
c ☐ Fraktur
d ☐ Serifenbetonte Linear-Antiqua

**571. Wie heißt die abgebildete, einfach zu konstruierende Schrift?**

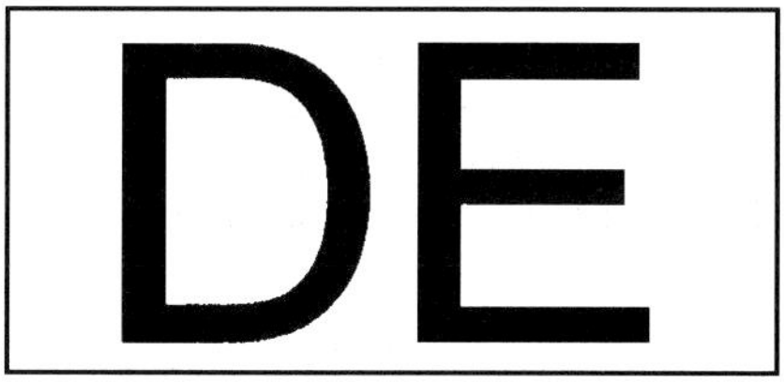

a ☐ Groteskschrift
b ☐ Schreibschrift
c ☐ Zierschrift
d ☐ Antiquaschrift

---

**572. Wie nennt man die untenstehende Schrift?**

a ☐ Schönschrift
b ☐ Schreibschrift
c ☐ Blockschrift
d ☐ Zierschrift

---

**573. Welcher Schriftyp ist unten--stehend dargestellt?**

a ☐ Serifenbetonte Linear-Antiqua
b ☐ Serifenlose Italienne
c ☐ Serifenlose Linear-Antiqua
d ☐ Klassizistische Antiqua

---

**574. Wie sind die Buchstabenabstände richtig auszugleichen?**

a ☐ Buchstabenabstände müssen auf der Grundlinie meßbar sein
b ☐ Abstände von Buchstaben zu Buchstaben müssen meßbar gleich sein
c ☐ Abstände müssen optisch gleich groß sein
d ☐ Zwischenflächen müssen rechnerisch gleich groß sein

---

**575. Wie sollen Buchstaben bei der Konstruktion einer Beschriftung optisch ausgeglichen werden?**

a ☐ Senkrechte Balken schmaler als die waagrechten Balken zeichnen
b ☐ Waagrechte Balken schmaler als die senkrechten Balken zeichnen
c ☐ Alle Balken gleichstark zeichnen
d ☐ Nur die mittleren Balken schmaler zeichnen

---

**576. Welches Verhältnis der Balkenstärke zur Schrifthöhe ist bei der konstruktiven Grotesk am günstigsten?**

a ☐ 1:8
b ☐ 2:4
c ☐ 2:8
d ☐ 1:10

---

**577. Zwischen welchen Buchstabenformen ist beim optischen Ausgleich der Abstand am größten?**

a ☐ Zwischen Rundungen und Schrägen (OA)
b ☐ Zwischen senkrechten und schrägen Balken (HA)
c ☐ Zwischen zwei Rundungen (DO)
d ☐ Zwischen zwei senkrechten Balken (HN)

---

**578. Warum werden Rundbuchstaben im Bogen über die Zeilenhöhe gezeichnet?**

a ☐ Damit sie optisch auf gleicher Höhe verlaufen
b ☐ Rundungen sollen größer wirken
c ☐ Dadurch fallen Ungenauigkeiten beim Zeichnen nicht so auf
d ☐ Rundungen lassen sich so besser zeichnen

---

**579. Wie bezeichnet man die Zeichen, die bildartig vereinfacht eine bestimmte Sache darstellen?**

a ☐ Initialien
b ☐ Leitzeichen
c ☐ Hyroglyphen
d ☐ Piktogramme

---

**580. Wie bezeichnet man Anfangsbuchstaben, die als Schmuckform gezeichnet sind?**

a ☐ Minuskel
b ☐ Initial
c ☐ Antiqua
d ☐ Hyroglyphe

---

# Karosseriekunde

**581. Welche Beförderungsmittel waren die Vorläufer der Automobile?**

a ☐ Eisenbahn
b ☐ Pferdewagen
c ☐ Straßenbahn
d ☐ Draisine

---

**582. Welche Antriebsquelle für Straßenfahrzeuge stand zuerst zur Verfügung?**

a ☐ Verbrennungsmotor
b ☐ Dampfmaschine
c ☐ Elektromotor
d ☐ Wankelmotor

---

**583. In welchem Jahr begann in Deutschland die Motorisierung des Verkehrs?**

a ☐ 1871
b ☐ 1900
c ☐ 1920
d ☐ 1886

---

**584. Wer war der Konstrukteur, der maßgebend an der ersten Motorisierung des Verkehrs in Deutschland beteiligt war?**

a ☐ Henry Ford
b ☐ Gottlieb Daimler
c ☐ Adam Opel
d ☐ Nikolaus Otto

---

**585. Wer hat das Automobil erstmals öffentlich gefahren?**

a ☐ Carl Benz
b ☐ August Horch
c ☐ Wilhelm Maybach
d ☐ Berta Benz

---

**586. Wann wurde das abgebildete Fahrzeug erstmals der Öffentlichkeit vorgeführt?**

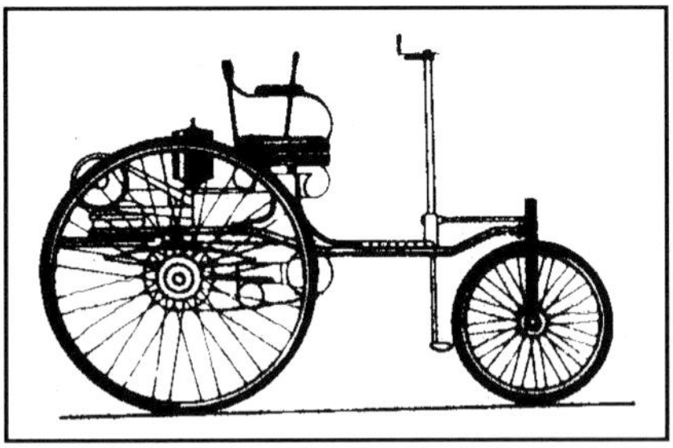

a ☐ 1886
b ☐ 1900
c ☐ 1910
d ☐ 1925

---

**587. An welche Fahrzeugform lehnten sich stilistisch die ersten Automobile an?**

a ☐ Staatskarosse
b ☐ Straßenbahn
c ☐ Omnibus
d ☐ Kutsche

---

**588. Welche Karosserieform wurden bis 1919 als Innenlenker bezeichnet?**

a ☐ Ein offenes Fahrzeug
b ☐ Ein geschlossenes Fahrzeug
c ☐ Ein Fahrzeug mit dem Lenkrad in der Mitte
d ☐ Ein Fahrzeug bei dem Teile des Dachs geöffnet werden konnten

---

**589. Woher stammen vorwiegend die Bezeichnungen der Karosserieformen?**

a ☐ Aus dem Flugzeugbau
b ☐ Aus der Frühzeit der Eisenbahn
c ☐ Aus der Zeit des Kutschenwagens
d ☐ Aus dem Maschinenbau

---

**590. Welche Art des Karosseriebaus wurde bis 1936 angewendet?**

a ☐ Verwendung von vielen Kunststoffteilen
b ☐ Verwendung von verzinkten Blechen
c ☐ Fahrgestell mit aufgeschraubtem Aufbau
d ☐ Selbsttragende Karosserie aus Blechprofilen

---

**591. In welchem Jahr wurde die selbsttragende Karosserie auf den Markt gebracht?**

a ☐ 1968
b ☐ 1952
c ☐ 1941
d ☐ 1936

---

**592. Wie heißt die abgebildete Karosserie-Bauweise?**

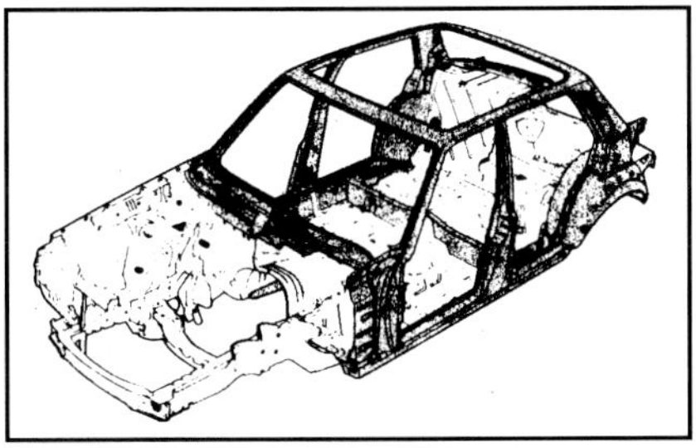

a ☐ Selbsttragende Schalenbauweise
b ☐ Selbsttragende Bauweise
c ☐ Mittragende Bauweise
d ☐ Zentralrohrbauweise

---

**593. Wie heißt die 1952 eingeführte Karosserieform?**

a ☐ Keilform
b ☐ Pontonform
c ☐ Tropfenform
d ☐ Stromform

---

**594. Welche deutsche Automarke hat ab 1952 die „Pontonform" populär gemacht?**

a ☐ Daimler-Benz
b ☐ Volkswagen
c ☐ Borgward
d ☐ Opel

---

**595. Die Abbildungen sind der jeweiligen Rahmenbauweise zuzuordnen.**

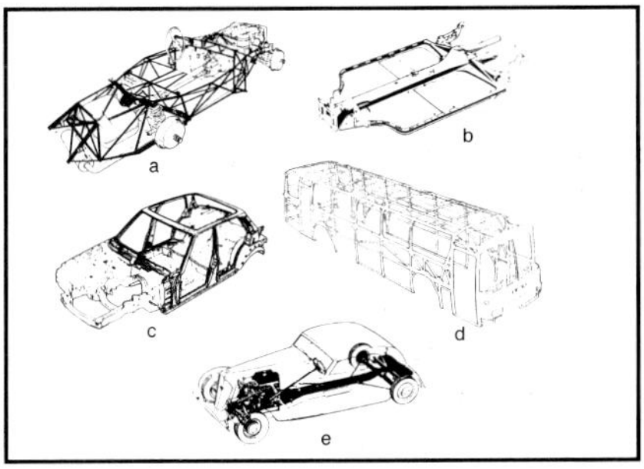

594.1 ____ Gerippebauweise
594.2 ____ Zentralrohrrahmen
594.3 ____ Gitterrohrrahmen
594.4 ____ Schalenbauweise
594.5 ____ Plattformrahmen

---

**596. Die Karosserieformen sind ihrer Bezeichnung und Bauzeit zuzuordnen.**

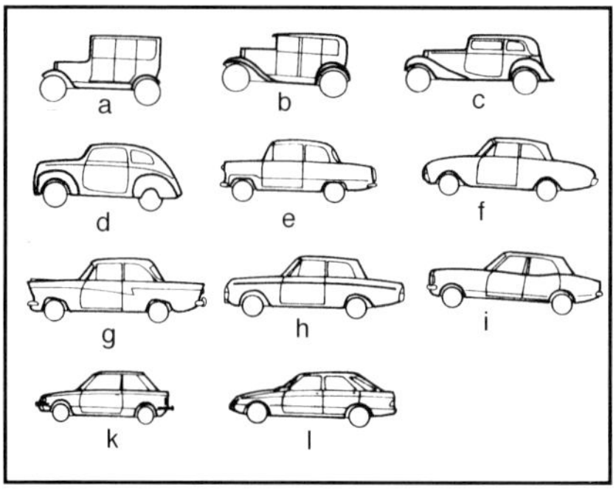


| | | | |
|---|---|---|---|
| 596.1 | ____ | Wannenform | 1964 |
| 596.2 | ____ | Aeroform | 1982 |
| 596.3 | ____ | Buckelform | 1950 |
| 596.4 | ____ | Slimline | 1966 |
| 596.5 | ____ | Trapezlinie | 1960 |
| 596.6 | ____ | Kutschenform | 1927 |
| 596.7 | ____ | Pontonform | 1952 |
| 596.8 | ____ | Keilform | 1980 |
| 596.9 | ____ | Kabinenform | 1930 |
| 596.10 | ____ | Gürtellinie | 1964 |
| 596.11 | ____ | Airflowform | 1936 |

---

**597. Die Bezeichnung der Fahrzeuge ist der jeweiligen Abbildung zuzuordnen.**

597.1 ____ Roadster
597.2 ____ Coupé
597.3 ____ Kombi
597.4 ____ Limousine
597.5 ____ Targa
597.6 ____ Cabrio-Limousine
597.7 ____ Spider
597.8 ____ Cabriolet

---

**598. Wie nennt man die Karosserieform der 80er Jahre?**

a ☐ Kabinenform
b ☐ Keilform
c ☐ Trapezlinie
d ☐ Gürtellinie

---

**599. Wie bezeichnet man die Karosserieform ab 1982?**

a ☐ Airflowform
b ☐ Slimline
c ☐ Keilform
d ☐ Aeroform

---

**600. Welche Baumerkmale kennzeichnen die selbsttragende Karosserie?**

a ☐ Fahrgestell aus Stahlträgern mit Fahrzeugaufbau
b ☐ Bodengruppe, Aufbau und Dach bilden eine Einheit
c ☐ Die Türsäulen tragen das Dach
d ☐ Die Fahrzeugteile sind abschraubbar

---

**601. Wie heißen die tragenden Elemente bei der selbsttragenden Karosserie?**

a ☐ Seitenwand und Mittelstück hinten
b ☐ Vordere Kotflügel
c ☐ Dachfläche und Einstieg-Schweller
d ☐ Bodenplatte und Spritzwand

---

**602. Welche Aussage gilt für eine selbsttragende Karosserie?**

a ☐ Aus vielen Einzelteilen zusammengeschweißt
b ☐ Bodenplatte mit Aufbau
c ☐ Rahmen mit Aufbau
d ☐ Bodenplatte mit beplanktem Rahmen

---

**603. Welche Funktion hat der Einstieg-Schweller bei der selbsttragenden Karosserie?**

a ☐ Er trägt die gesamte Karosserie
b ☐ Er bildet den optischen Abschluß der Karosserie
c ☐ Er bildet mit der Dachfläche das Rückgrat der Karosserie
d ☐ Er bildet die Aufnahme der Türsäulen

---

**604. Aus welchem Material werden vorwiegend Fahrzeugkarosserien hergestellt?**

a ☐ Aus Alu-Blech
b ☐ Aus Kunststoff
c ☐ Aus Stahlblech
d ☐ Aus Zinkblech

---

**605. Welches Material findet zunehmend mehr Verwendung bei PKW-Karosserien?**

a ☐ Aluminium
b ☐ Kunststoffe
c ☐ Zinkbleche
d ☐ Nirostableche

---

**606. Wodurch wird die Stabilität eines Fahrzeugteils aus Stahlblech verbessert?**

a ☐ Durch Zierleisten
b ☐ Durch Auftragen von Dämm-Material
c ☐ Durch Aufkleben von Dämm-Matten
d ☐ Durch Presskanten

---

**607. Welche Bedeutung haben Sicken beim Karosseriebau?**

a ☐ Sie dienen als Zierleistenersatz
b ☐ Sie geben der Karosserie ein gefälligeres Aussehen
c ☐ Sie veringern den Luftwiderstand
d ☐ Sie geben dem Blech Festigkeit

---

**608. In welcher Technik werden moderne Fahrzeugkarosserien hergestellt?**

a ☐ Im Laminier-Verfahren
b ☐ Im Metallguß-Verfahren
c ☐ Durch Verschweißen von Einzelteilen
d ☐ Durch Verkleben der Karosserieteile

---

**609. In welchem Verfahren werden Kunststoff-Karosserien (GFK) hergestellt?**

a ☐ Im Gießverfahren
b ☐ Im Preßverfahren
c ☐ Im Tiefziehverfahren
d ☐ Im Handauflegeverfahren

---

**610. Welchen Vorteil haben Kunststoffe am Fahrzeug?**

a ☐ Sie überstehen jeden Unfall
b ☐ Sie sparen Gewicht
c ☐ Sie sind schwer zu beschädigen
d ☐ Sie sind hochhitzebeständig beim Brand des Fahrzeugs

---

**611. Wie bezeichnet man ein Anbauteil am Fahrzeug, das die Luftführung verbessert?**

a ☐ Flügel
b ☐ Windsplit
c ☐ Spoiler
d ☐ Flosse

---

**612. Wozu dient ein Bug- oder Heckspoiler am Fahrzeug?**

a ☐ Zur optischen Aufwertung des Fahreugs
b ☐ Zur Entlastung der Räder
c ☐ Zum Schutz gegen Bagatellschäden
d ☐ Zur Erhöhung des Anpressdrucks des Fahrzeugs an die Straße

---

**613. Welchen Sinn hat ein Stoßstangenspoiler?**

a ☐ Er richtet den Luftstrom
b ☐ Er entlastet die Räder
c ☐ Er schützt vor Steinschlag
d ☐ Er schützt gegen Bagatellschäden

---

**614. Was versteht man bei einer Fahrzeugform unter einer „Heckflosse“?**

a ☐ Stylingmerkmal einer bestimmten Epoche
b ☐ Heckspoiler auf dem Kofferdeckel
c ☐ Dachüberhang an der Heckscheibe
d ☐ Hinteres Abschlußblech

---

**615. Weshalb werden neue Fahrzeugformen im Windkanal entwickelt?**

a ☐ Um den Rollwiderstand der Reifen zu prüfen
b ☐ Um den Cw-Wert zu verbessern
c ☐ Um Gewicht einzusparen
d ☐ Um die Festigkeit der Karosserie zu prüfen

---

**616. Warum werden moderne Fahrzeuge strömungsgünstiger geformt?**

a ☐ Um die Bodenhaftung zu verbessern
b ☐ Um die Auftriebskräfte zu verbessern
c ☐ Um Kraftstoff zu sparen
d ☐ Um das Fahrzeug formschöner zu machen

---

**617. Welche Karosserie-Partie ist entscheidend für den Luftwiderstandsbeiwert (Cw-Wert)?**

a ☐ Die Stirnfläche
b ☐ Der Unterboden
c ☐ Die Heckpartie
d ☐ Die Dachfläche

---

**618. Bei welcher Fahrzeugform wird der Luftwiderstand am effektvollsten verringert?**

a ☐ Bei der Kastenform
b ☐ Bei der Keilform
c ☐ Bei der Pontonform
d ☐ Bei der Aeroform

---

**619. Wie verhalten sich die heute neu entwickelten Fahrzeugformen zueinander?**

a ☐ Sie werden immer eckiger
b ☐ Sie werden sich immer ähnlicher
c ☐ Sie werden sich immer unähnlicher
d ☐ Sie werden immer langgestreckter

---

**620. Welches Karosserieteil wird als A-Säule bezeichnet?**

a ☐ Vorderer Türpfosten
b ☐ Mittlerer Türpfosten
c ☐ Dachpfosten
d ☐ Dachrahmen

---

**621. Welches Karosserieteil wird als B-Säule bezeichnet?**

a ☐ Der vordereTürpfosten
b ☐ Der mittlere Türpfosten
c ☐ Der Dachpfosten
d ☐ Die Windschutzverstrebung

---

**622. Wo befindet sich die C-Säule?**

a ☐ Vor der Seitenwand
b ☐ Hinter der Seitenwand
c ☐ Oberhalb der Seitenwand zum Dach
d ☐ Unter dem Vorderkotflügel

---

**623. Mit welcher Fahrzeugform werden die Energiekosten am wirkungsvollsten verringert?**

a ☐ Mit der Kastenform
b ☐ Mit der Bootsform
c ☐ Mit der Pontonform
d ☐ Mit der Stromlinienform

---

**624. Welchen Vorteil bringt eine kleine Stirnfläche am Fahrzeug?**

a ☐ Die Auftriebskräfte werden verringert .
b ☐ Der Luftwiderstand wird verringert
c ☐ Die Seitenwindempfindlichkeit wird verbessert
d ☐ Die Bodenhaftung wird verbessert

---

**625. Wo befindet sich am Fahrzeug das Luftleitblech?**

a ☐ Unten
b ☐ Seitlich
c ☐ Hinten
d ☐ Vorn

---

**626. Wie heißt das tragende Element, worauf ein LKW samt Transporteinrichtung aufgebaut ist?**

a ☐ Längsträger
b ☐ Unterholm
c ☐ Fahrgestell / Chassis
d ☐ Unterboden

---

**627. Wie nennt man einen LKW mit offener Transporteinrichtung?**

a ☐ Silowagen
b ☐ Kofferwagen
c ☐ Kastenwagen
d ☐ Pritschenwagen

---

**628. Wie bezeichnet man einen LKW mit offener Transporteinrichtung und der Möglichkeit zusätzlicher Personenbeförderung?**

a ☐ Doppelkabine
b ☐ Einzelkabine
c ☐ Kleinbus
d ☐ Wohnmobil

---

**629. Wie heißt die Wetterschutzeinrichtung für Transportgüter bei Pritschenwagen?**

a ☐ Kofferaufbau
b ☐ Kofferaufsatz
c ☐ Plane und Spriegel
d ☐ Abdeckplane

---

**630. Wie nennt man einen LKW mit geschlossenem Aufbau?**

a ☐ Kastenwagen
b ☐ Kofferwagen
c ☐ Kombiwagen
d ☐ Pritschenwagen

---

**631. Wie wird ein aus dem PKW abgeleiteter Kleintransporter mit offener Ladefläche bezeichnet?**

a ☐ Geländewagen
b ☐ Kombiwagen
c ☐ Kleinlastwagen
d ☐ Pick-up

---

**632. Zu welcher Gruppe gehört ein Kleinlastwagen mit geschlossenem Aufbau?**

a ☐ Zu den Kombiwagen
b ☐ Zu den Lastwagen
c ☐ Zu den Kofferwagen
d ☐ Zu den Personenwagen

---

**633. Wie nennt man ein Fahrzeug zur Beförderung von pulverförmigen Stoffen?**

a ☐ Tankwagen
b ☐ Silowagen
c ☐ Kühlwagen
d ☐ Auflieger

---

**634. Wie bezeichnet man ein Nutzfahrzeug, das zur Feldbestellung eingesetzt wird?**

a ☐ Traktor
b ☐ Radlader
c ☐ Planierraupe
d ☐ Lastwagen

---

**635. Wie nennt man ein Fahrzeug, das zur Beförderung vieler Personen über weite Strecken eingesetzt wird?**

a ☐ Linienbus
b ☐ Reisebus
c ☐ Trollybus
d ☐ Kombibus

---

**636. Wie bezeichnet man ein vom PKW abgeleitetes Fahrzeug, das großen Beanspruchungen ausgesetzt werden kann?**

a ☐ Kombi-Limousine
b ☐ G-Wagen (Gelände-Wagen)
c ☐ Wohnmobil
d ☐ Buggy

---

**637. Welche Karosserieform wird als „Limousine" bezeichnet?**

a ☐ Ein Fahrzeug mit Schiebedach
b ☐ Ein Fahrzeug mit abnehmbaren Dach
c ☐ Ein allseits geschlossenes Fahrzeug
d ☐ Ein Fahrzeug mit verkürztem Dach

---

## 638. Welche Merkmale kennzeichnen die Karosserieform „Coupé“?

a ☐ Verstärkte Rahmenbodengruppe
b ☐ Ein Fließheck
c ☐ Extra verlängerte Karosserie
d ☐ Verkürzte Dachfläche

---

## 639. Welche Karosserieform wird als „Cabriolet“ bezeichnet?

a ☐ Ein PKW mit Schiebedach
b ☐ Ein PKW mit herunterklappbaren Dach
c ☐ Ein PKW mit herausnehmbaren Dach
d ☐ Ein PKW ohne Dach

---

## 640. Welche Stilelemente hat die Karosserieform eines „Targa“?

a ☐ Verkürzte Dachfläche
b ☐ Rollverdeck mit feststehendem Dachrahmen
c ☐ Feste, herausnehmbare Dachflächen
d ☐ Dachfläche aus Kunststoff

---

## 641. Wie bezeichnet man einen PKW, bei dem die Dachfläche bis zur hinteren Stoßstange reicht?

a ☐ Pick-up
b ☐ Kombi
c ☐ Limousine
d ☐ Sportwagen

---

## 642. Welche besonderen Karosseriemerkmale besitzt ein „Roadster“?

a ☐ Klappbares Stoffdach
b ☐ Versenkbares Stoffdach
c ☐ Abnehmbares Stoffdach
d ☐ Herausnehmbare Dachteile

---

## 643. Welche Verdeckform kennzeichnet eine „Cabrio-Limousine“?

a ☐ Schiebedach
b ☐ Stoffdach zum Aufrollen
c ☐ Stoffdach zum Schieben
d ☐ Stoffdach zum Abnehmen

---

## 644. Was ist unter „Styling“ zu verstehen?

a ☐ Gestaltung der Fahrzeugform
b ☐ Farbwirkung einer Fahrzeugform
c ☐ Oberflächeneffekt einer Lackierung
d ☐ Aufbringen von Zierstreifen

---

## 645. Was versteht man unter einem „Spoiler“?

a ☐ Ein Bugblech
b ☐ Ein Zierstab
c ☐ Eine Karosserieform
d ☐ Ein Luftleitblech

---

## 646. Woran orientiert sich eine „Design-Lackierung“ vorwiegend?

a ☐ An den Anbauteilen
b ☐ Am Farbton
c ☐ An der Fahrzeugform
d ☐ An der Innenausstattung

---

## 647. Was versteht man unter „Tuning“?

a ☐ Einen Farbton erstellen
b ☐ Einstellen einer HiFi -Anlage
c ☐ Nachträgliche Erhöhung der Motorleistung
d ☐ Verändern des Motorgeräuschs

---

## 648. Wie werden selbstklebende Dekorstreifen hergestellt?

a ☐ Durch Lackieren
b ☐ Durch Schablonieren
c ☐ Durch Drucken
d ☐ Durch Siebdruck

## 649. Was bewirken Zierlinien an Fahrzeugen?

a ☐ Optisches Strecken einer Fahrzeugform
b ☐ Betonung einzelner Fahrzeugteile
c ☐ Optische Trennung einzelner Fahrzeugteile
d ☐ Trennung von Karosserie- und Dachfläche

## 650. Wie kann der Lackierer ein Fahrzeug optisch aufwerten?

a ☐ Durch Abbau von Verbreiterungsteilen
b ☐ Durch Sitzbezüge
c ☐ Durch eine Sonderlackierung
d ☐ Durch ein Vinyldach

## 651. Karosserieform: PKW, Bereich Vorderwagen, innen. Die Karosserieteile sind ihrer Bezeichnung zuzuordnen.

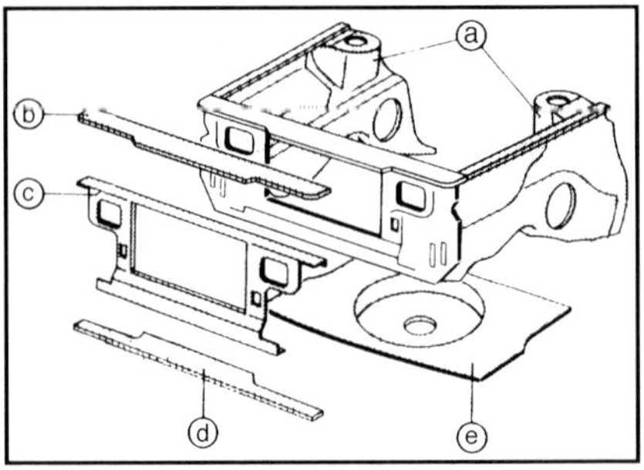


651.1 ____ Frontblech innen
651.2 ____ Radhaus ohne Stirnwand
651.3 ____ Frontblech innen oben
651.4 ____ Kofferraum vorn
651.5 ____ Frontblech innen unten

## 652. Karosserieform: PKW, Bereich Frontpartie außen. Die Karosserieteile sind ihrer Bezeichnung zuzuordnen.

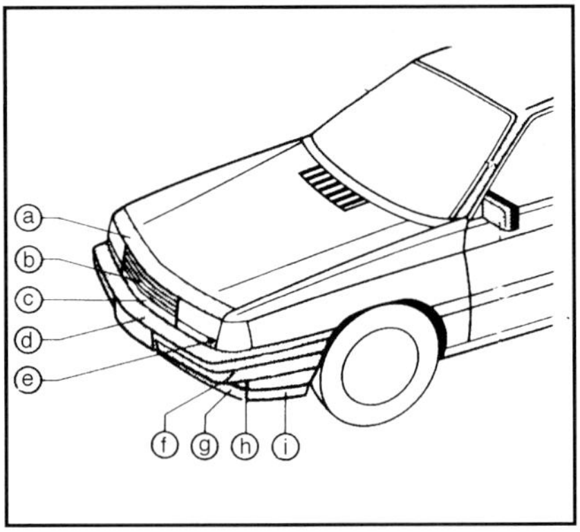


652.1 ____ Frontblech mitte
652.2 ____ Frontgrill
652.3 ____ Abdeckung, Stoßfänger
652.4 ____ Frontblech unten
652.5 ____ Stoßfänger
652.6 ____ Frontschürze / Frontspoiler
652.7 ____ Blende seitlich
652.8 ____ Frontblech oben
652.9 ____ Frontschürze seitlich

**653. Karosserieform: PKW, Limousine, Bereich Fahrzeugseite. Die Karosserieteile sind ihrer Bezeichnung zuzuordnen.**

653.1 ____ Schweller-Abdeckblech
653.2 ____ Kotflügel vorn
653.3 ____ Windlauf vorn mit A-Säulen
653.4 ____ Tür vorn, 4-türig
653.5 ____ C-Säule, 2-türig
653.6 ____ Lüftungsblech
653.7 ____ Seitenwand hinten, 4-türig
653.8 ____ Frontblech oben
653.9 ____ Türrahmen hinten
653.10 ____ Seitenwand hinten, 2-türig
653.11 ____ Deckel vorn
653.12 ____ C-Säule, 4-türig
653.13 ____ Tür hinten, 4-türig
653.14 ____ Windlauf
653.15 ____ Schweller
653.16 ____ Tür, 2-türig
653.17 ____ B-Säule
653.18 ____ Türrahmen vorn

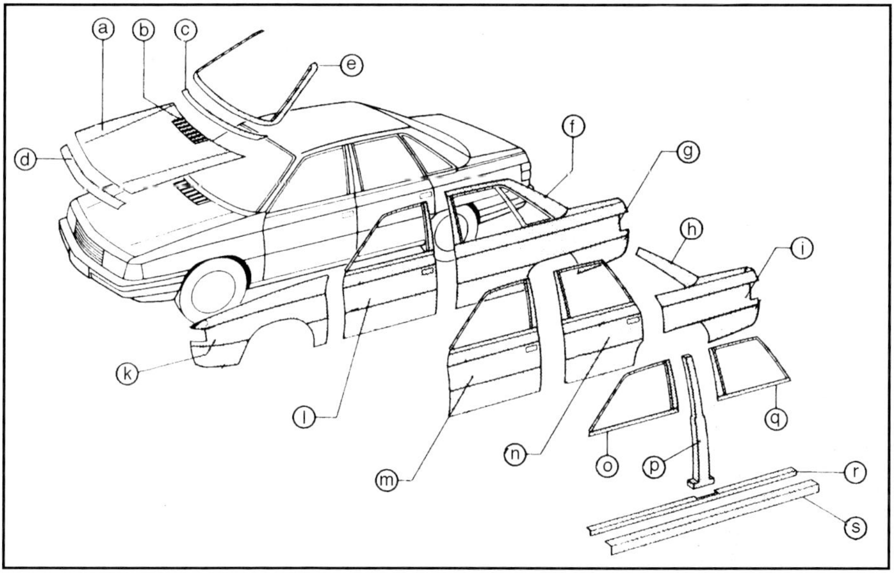

**654. Karosserieform: PKW, Limousine, Bereich Dach und Hinterwagen. Die Karosserieteile sind ihrer Bezeichnung zuzuordnen.**

654.1 ____ Windlauf hinten
654.2 ____ Dach / Seitenteil
654.3 ____ Heckblech / Oberteil
654.4 ____ Stoßfänger
654.5 ____ Heckschürze, seitlich
654.6 ____ Dachzierleiste
654.7 ____ Deckel hinten
654.8 ____ Heckspoiler
654.9 ____ Dach / Mittelteil
654.10____ Heckschürze
654.11____ Dach mit Säulen
654.12____ Heckblech / Unterteil

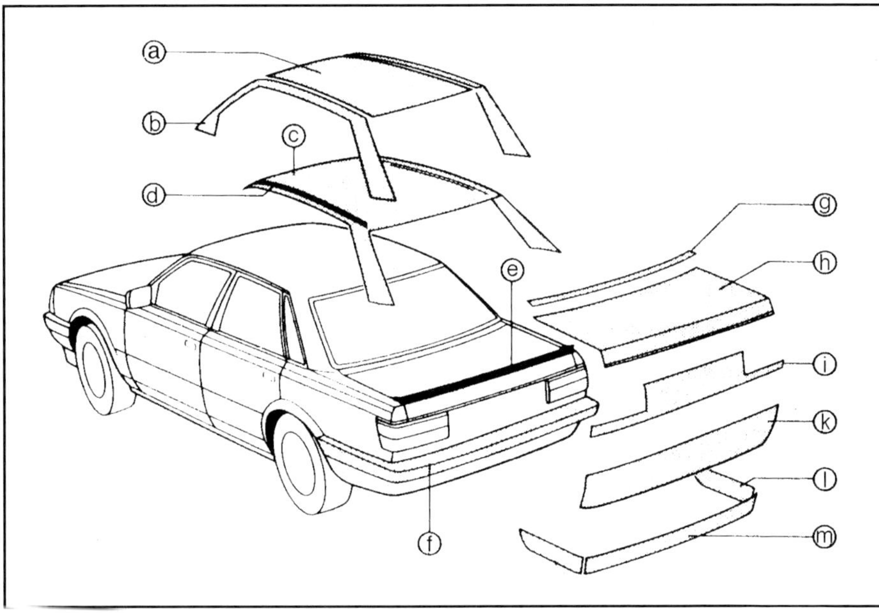

**655. Karosserieform: PKW, Limousine mit Fließheck und Coupé.**
**Die Karosserieteile sind ihrer Bezeichnung zuzuordnen.**

655.1 ____ Stoßfänger hinten
655.2 ____ Heckklappe
655.3 ____ Überrollbügel
655.4 ____ Frontscheibenumrahmung
655.5 ____ Heckklappe / Unterteil

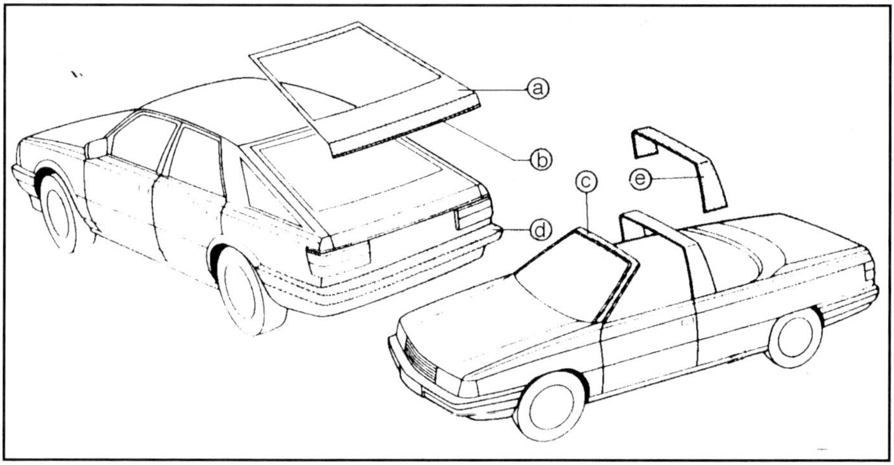


**656. Karosserieform: PKW, Kombi.**
**Die Karosserieteile sind ihrer Bezeichnung zuzuordnen.**

656.1 ____ Seitenwandsäulen, 3-türig
656.2 ____ Dachzierleiste / Dachreeling
656.3 ____ Heckklappe
656.4 ____ Seitenwand hinten, 5-türig
656.5 ____ Heckschürze
656.6 ____ Seitenwandsäulen, 5-türig
656.7 ____ Stoßfänger hinten
656.8 ____ Dachzug
656.9 ____ Heckblech
656.10 ____ Seitenwand hinten, 3-türig

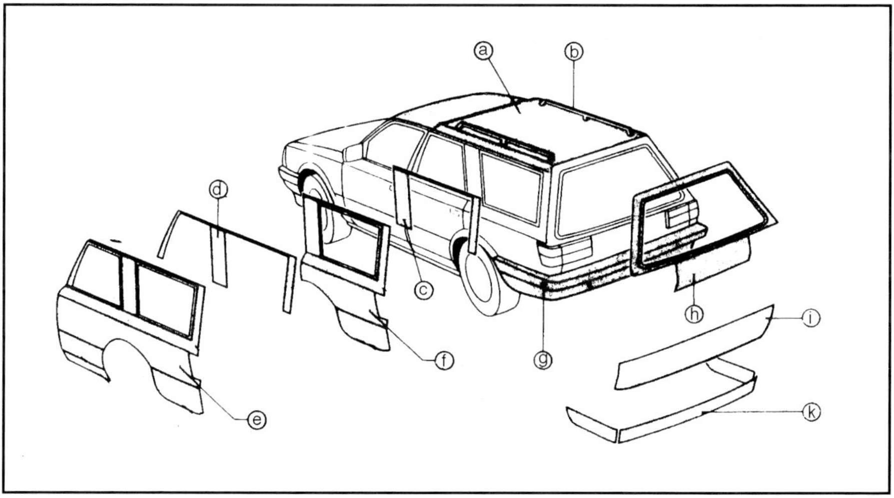

**657. Karosserieformen: PKW. Die Bezeichnung des Heckabschlusses ist zu bestimmen.**

657.1 ____ Steilheck
657.2 ____ Stufenheck
657.3 ____ Fließheck
657.4 ____ Schrägheck

**658. Karosserieform: Kasten, Kombi, Bus. Die einzelnen Karosserieteile sind ihrer Bezeichnung zuzuordnen.**

658.1 ____ Seitenteil hinten
658.2 ____ Frontblech unten
658.3 ____ Dach / Hochdach
658.4 ____ Seitenteil / Zwischenstück
658.5 ____ Windlauf
657.6 ____ A-Säule außen
658.7 ____ Eckteil hinten
658.8 ____ Frontblech oben
658.9 ____ Stoßfänger
658.10____ Vordertür
658.11____ Hecktür / Heckklappe
658.12____ Kniestück
658.13____ Seitenteil vorn
658.14____ Kotflügel hinten
658.15____ Deckel vorn
658.16____ Stoßfänger-Eckteil
658.17____ Kotflügel / Eckbeplankung

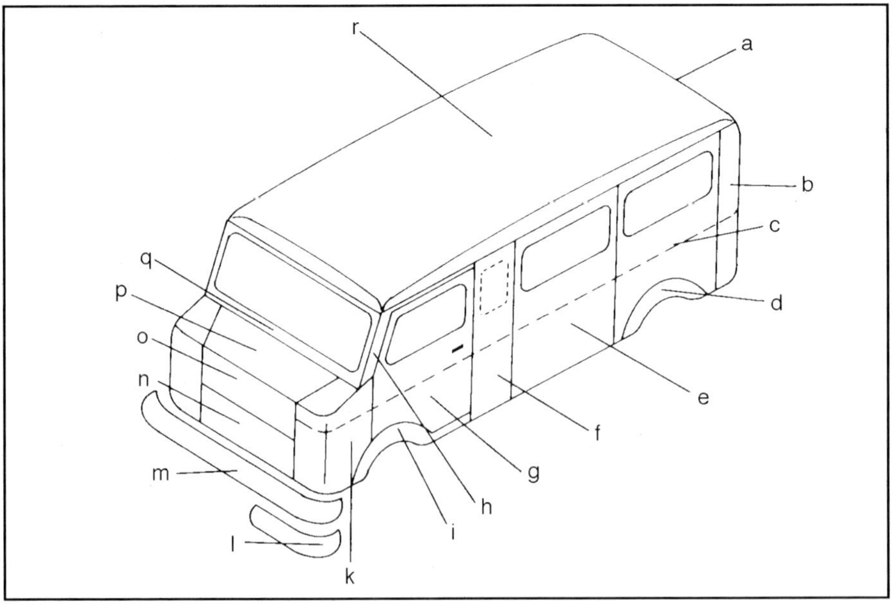

**659. Karosserieform: Geländewagen, geschlossen.**
**Die einzelnen Karosserieteile sind ihrer Bezeichnung zuzuordnen.**

659.1 ____ Kotflügelverbreiterung
659.2 ____ B-Säule
659.3 ____ Stoßfänger
659.4 ____ Tür hinten
659.5 ____ Kotflügel vorn
659.6 ____ Schweller
659.7 ____ Windlauf
659.8 ____ Seitenteil vorn
659.9 ____ Kühlergrill
659.10 ____ Tür vorn
659.11 ____ Lüftungsblech
659.12 ____ Frontblech
659.13 ____ Dach
659.14 ____ Scheinwerferring
659.15 ____ A-Säule
659.16 ____ Deckel vorn
659.17 ____ Seitenwandverbreiterung

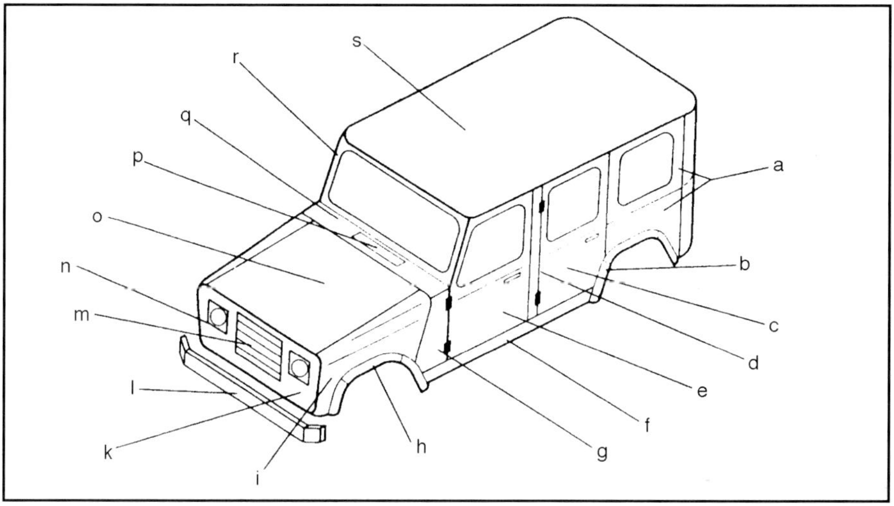


**660. Karosserieform: Geländewagen, geschlossen.**
**Die Gestaltung der Heköffnung ist ihrer Bezeichnung zuzuordnen.**

660.1 ____ Heckklappe einteilig
660.2 ____ Hecktür asymetrisch
660.3 ____ Hecktür einteilig
660.4 ____ Heckklappe geteilt

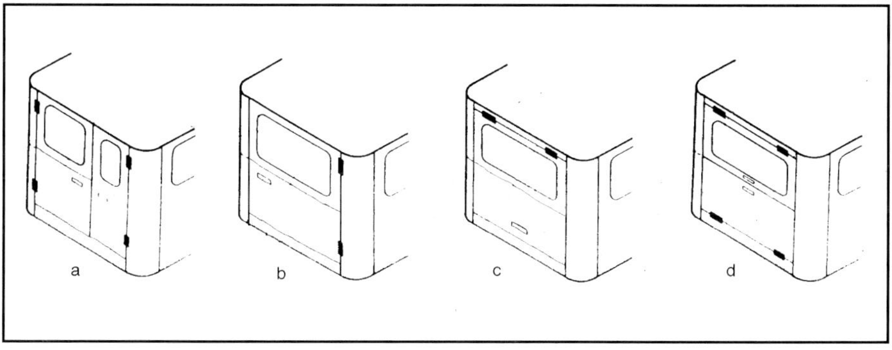

**661. Karosserieformen: Spezialpersonenkraftwagen, vom PKW abgeleitet.**
**Die Bezeichnung der Fahrzeuge ist der jeweiligen Abbildung zuzuordnen.**

661.1 ____ Pick-up, offen

661.2 ____ Campingwagen
661.3 ____ Kleinlieferwagen, geschlossen
661.4 ____ Geländewagen, langer Radstand
661.5 ____ Wohnmobil
661.6 ____ Kleinlieferwagen mit Kastenaufbau
661.7 ____ Geländewagen, kurzer Radstand
661.8 ____ Pick-up, Kastenwagen

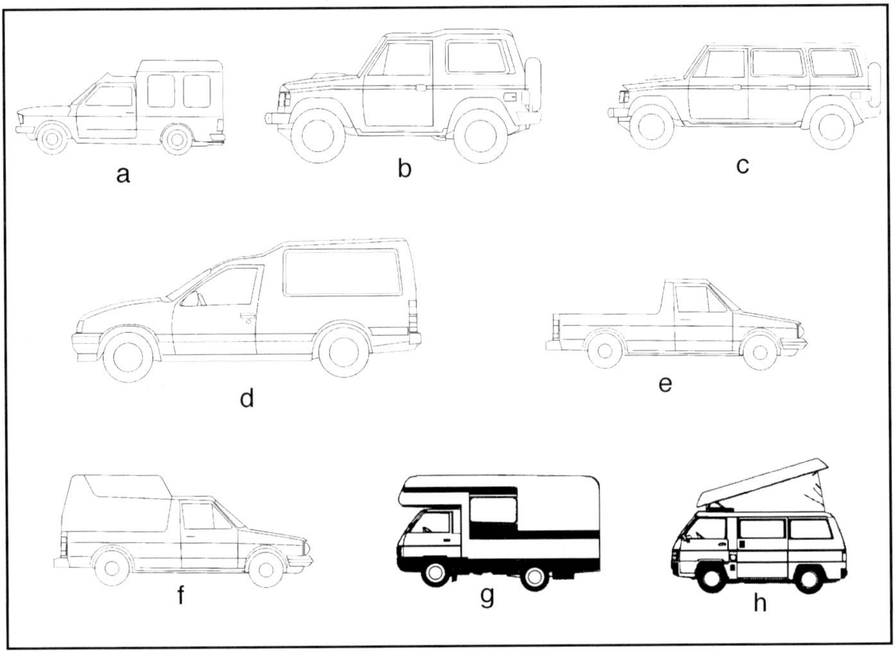

**662. Karosserieformen: Nutzkraftwagen, vom PKW abgeleitet, meist selbsttragende Karosserie. Die Bezeichnung der Fahrzeuge ist der jeweiligen Abbildung zuzuordnen.**

662.1 ____ Kombi / Hochdach

662.2 ____ Pritsche / Doppelkabine
662.3 ____ Kastenwagen, Hochdach
662.4 ____ Pritsche mit Plane
662.5 ____ Kombi / Bus
662.6 ____ Kastenwagen, langer Radstand
662.7 ____ Pritsche / Hochlader
662.8 ____ Kastenwagen, kurzer Radstand
662.9 ____ Pritsche / Tieflader

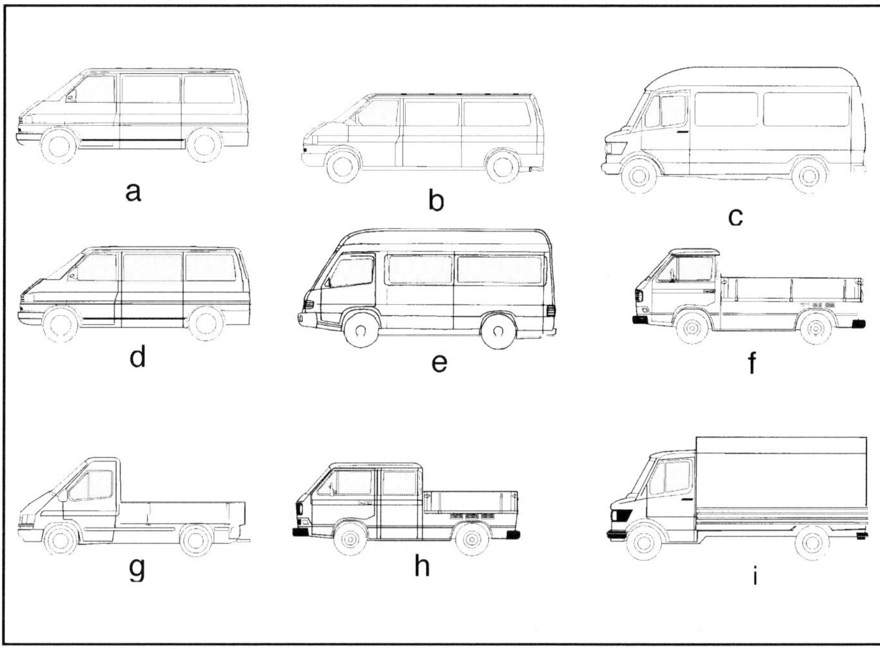

**663. Karosserieformen: LKW. Die Fahrzeugformen sind nach ihrer Aufbauart oder Transporteinrichtung zuzuordnen.**

663.1 ____ Kofferauflieger
663.2 ____ Kipp-Pritsche
663.3 ____ Siloauflieger
663.4 ____ Niederbord-Pritsche
663.5 ____ Kofferwagen
663.6 ____ Containerauflieger
663.7 ____ Lastkraftwagenzug
663.8 ____ Tankauflieger
663.9 ____ Hochbord-Pritsche
663.10 ____ Betontransporter
663.11 ____ Pritschenauflieger

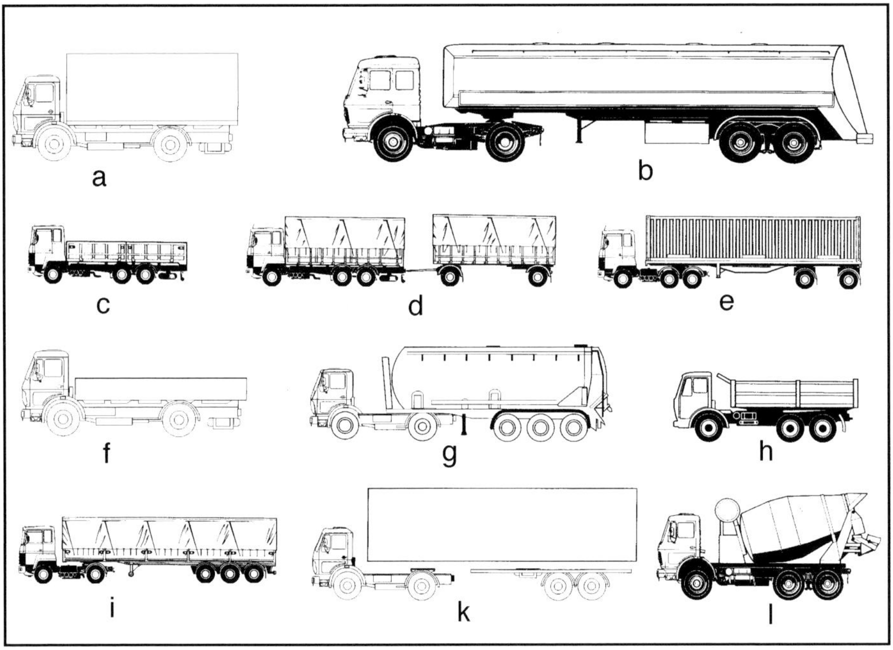

## 664. Karosserieformen: Omnibus. Die Fahrzeuge sind ihrem jeweiligen Einsatzgebiet zuzuordnen.

664.1 ____ Kleinbus
664.2 ____ Reisebus / Hochdecker
664.3 ____ Stadtbus
664.4 ____ Gelenkbus
664.5 ____ Überland-Linienbus
664.6 ____ Ausflugbus
664.7 ____ Reisebus

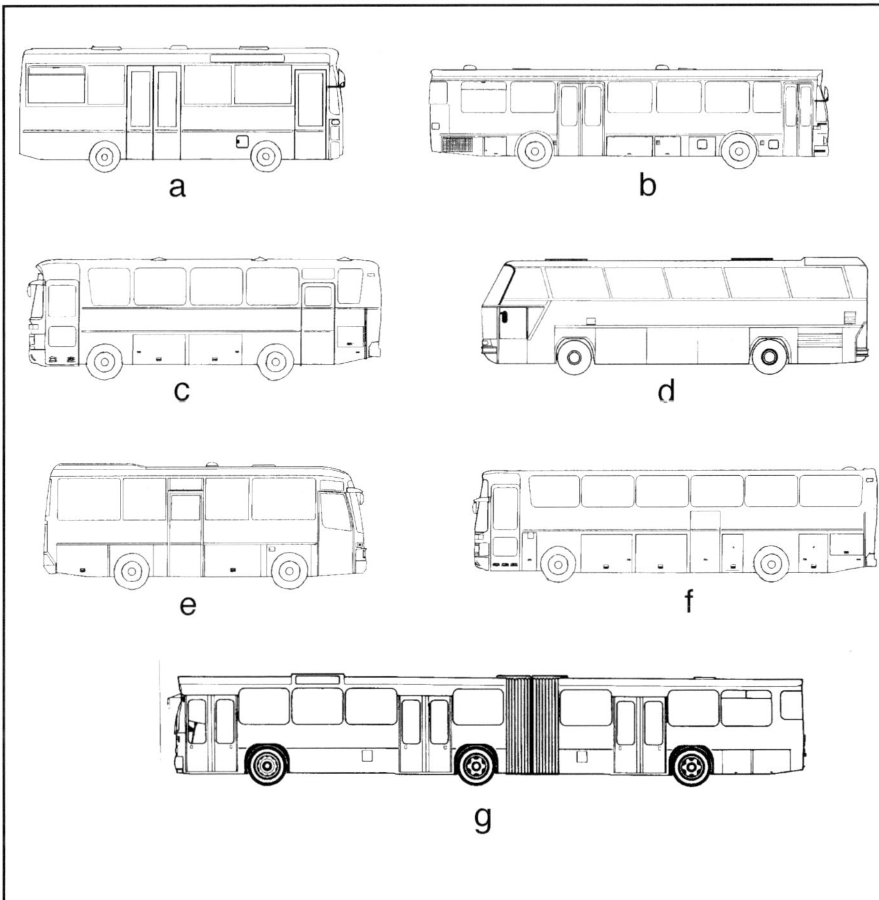

**665. Karosserieformen: Sonderfahrzeuge.**
**Die Bezeichnung der Fahrzeuge ist der jeweiligen Abbildung zuzuordnen.**

665.1 ____ Radlader
665.2 ____ Kranwagen
665.3 ____ Gabelstapler
665.4 ____ Ackerschlepper
665.5 ____ Planierraupe
665.6 ____ Traktor
665.7 ____ Bagger

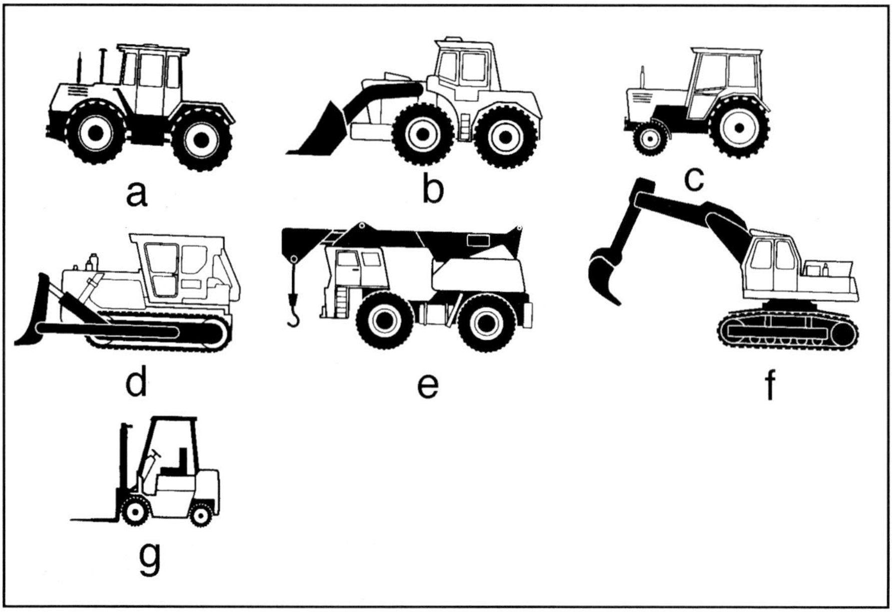

# Unfallverhütungsvorschriften der Berufsgenossenschaft

## Elektrische Anlagen

**666. Wann wird der elektrische Strom für den Menschen gefährlich?**

a ☐ Beim Berühren einer Schwachstromleitung von ca. 15 Milliampere
b ☐ Bei Berührungsspannung ab 12 Volt
c ☐ Beim Berühren elektrisch isolierter Leitungen
d ☐ Bei Stromstärken über 25 Ampere und den üblichen Netzspannungen

---

**667. Wer darf einen elektrisch betriebenen Kompressor reparieren?**

a ☐ Der für die Unfallverhütung zuständige Geselle
b ☐ Der verantwortliche Lackierermeister
c ☐ Der vom Meister bestimmte Geselle
d ☐ Ein Elektriker

---

**668. Mit welchem Zeichen auf dem Typenschild müssen elektrische Schleifgeräte versehen sein?**

a ☐ VDE
b ☐ GS
c ☐ Ex
d ☐ TÜV

---

**669. Wer darf elektrische Schleifmaschinen reparieren?**

a ☐ Der Elektrofachmann
b ☐ Der Lehrling unter Aufsicht
c ☐ Der Geselle
d ☐ Der Lackierermeister

---

**670. Bei welchem Gehäusematerial beim Schwingschleifer muß ein dreiadriges Kabel vorhanden sein?**

a ☐ Bei Gummigehäuse
b ☐ Bei Bakelitgehäuse
c ☐ Bei Metallgehäuse
d ☐ Bei Kunststoffgehäuse

---

**671. Was bedeutet die Bezeichnung „Ex“ bei Elektromotoren?**

a ☐ Die automatische Abschaltung heißgelaufener Motoren
b ☐ Die explosionsgeschützte Ausführung der Motoren
c ☐ Die Betriebszeit des Motors,während dieser explosionsgeschützt läuft
d ☐ Die Zeit, in der der Motor ohne Abschaltung betrieben werden darf

---

**672. Welches ist die Voraussetzung um, eine elektrische Schleifmaschine für den Naßschliff einzusetzen?**

a ☐ Die Leistung der Maschine muß unter 1.000 Watt liegen
a ☐ Die Schleifarbeit darf höchstens 30 Minuten dauern
c ☐ Die Maschine darf nur mit einer Kleinspannung von 42 Volt betrieben werden
d ☐ Das zu schleifende Objekt darf nicht aus Metall sein

---

### 673. Ordne die Kurzzeichen und Symbole auf elektrischen Geräten und Maschinen zu.?

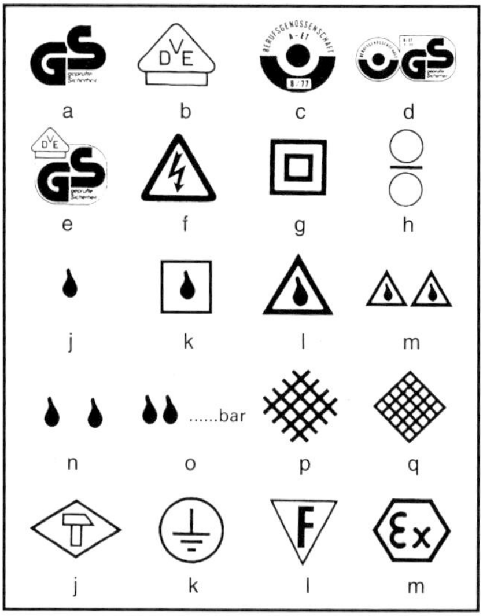


673.1 ____ Strahlwasser geschützt
673.2 ____ Prüfzeichen des Verbandes Deutscher Elektrotechniker
673.3 ____ Staubgeschützt
673.4 ____ Gefährliche Spannung
673.5 ____ Berufsgenossenschaftliches Prüfzeichen
673.6 ____ Für rauhen Betrieb geeignet
673.7 ____ Spritzwasser geschützt
673.8 ____ Feuersichere Trennung (Leuchtstofflampen)
673.9 ____ Geprüfte Sicherheit
673.10 ____ Schutzisoliert
673.11 ____ Regengeschützt
673.12 ____ Kennzeichen an Schutzleiterklemme
673.13 ____ GS-Prüfzeichen, Prüfstelle BG
673.14 ____ Trenntransformator
673.15 ____ Staubdicht
673.16 ____ Tropfwassergeschützt
673.17 ____ Explosionsgeschützte Betriebsmittel
673.18 ____ Spritzwassergeschützt
673.19 ____ Wasserdicht
673.20 ____ Druckwasserdicht

### 674. Wie müssen Schalter und Beleuchtungseinrichtungen in Lackierkabinen beschaffen sein?

a ☐ Normale elektrische Einrichtungen können verwendet werden
b ☐ Schalter und Leuchten müssen wasserdicht sein
c ☐ Schalter und Leuchten müssen staubdicht sein
d ☐ Schalter und Leuchten müssen explosionsgeschützt sein

### 675. Was schreibt die Unfallverhütungsvorschrift über das Auswechseln von Leuchtstoffröhren in Lackierräumen vor?

a ☐ Die Leuchtstoffröhren müssen das Ex-Zeichen tragen
b ☐ Leuchtstoffröhren dürfen nur bei abgeschaltetem Strom gewechselt werden
c ☐ Leuchtstoffröhren dürfen nur gewechselt werden, wenn die Sicherung entfernt ist
a ☐ Leuchtstoffröhren müssen VDE geschützt sein

## Brandschutz, Explosionsschutz

### 676. Was ist unter primärem Explosionsschutz zu verstehen?

a ☐ Die Verhinderung der Bildung und Entzündung explosionsfähiger Atmosphäre
b ☐ Die Verringerung der Lackmenge im Lackierraum
c ☐ Die weitestgehende Verringerung von Spritznebelbildung
d ☐ Ausfiltern der Spritzkabinen-Abluft

## 677. Was versteht man beim Brandschutz unter dem Begriff „Verbrennung"?

a ☐ Chemische Reaktion von Stoffen in der Gasphase
b ☐ Die Verpuffung von Gasen
c ☐ Die Verbindung von Dämpfen mit Kohlensäure
d ☐ Die Verbindung von Flüssigkeit mit Luft

---

## 678. Wie kommt es zu einer Explosion beim Umgang mit Lösemitteln?

a ☐ Durch Umfüllen größerer Mengen
b ☐ Durch Zündung eines konzentrierten Flüssigkeits-Dampfluftgemisches
c ☐ Durch Lagern größerer Mengen von Lösemitteln
d ☐ Durch Verbindung der Flüssigkeit mit Luft

---

## 679. Durch welche Maßnahmen kann ein Brand gelöscht werden?

a ☐ Abdecken mit Kohlenstoff
b ☐ Unterbinden der Wasserzufuhr
c ☐ Unterbinden der Sauerstoffzufuhr
d ☐ Zufuhr von Sauerstoff

---

## 680. Welche Feuerlöscheinrichtung muß zum Schutz des Lackierers vorhanden sein?

a ☐ Pulverlöscher
b ☐ Löschdecke
c ☐ Schaumlöscher
d ☐ Wasserlöscher

---

## 681. Womit dürfen Brände in der Nähe von elektrischen Leitungen gelöscht werden?

a ☐ Pulver- oder Kohlensäurelöscher
b ☐ Sprinkleranlagen
c ☐ Schaumlöscher
d ☐ Feuerpatsche

---

## 682. Wieviel Feuerlöscher müssen bei Lagerung von feuergefährlichen Flüssigkeiten pro 50 $m^2$ Grundfläche vorhanden sein?

a ☐ 1 Löscher
b ☐ 2 Löscher
c ☐ 3 Löscher
d ☐ 5 Löscher

---

## 683. Wo ist das Rauchen in der Lackierwerkstatt erlaubt?

a ☐ Nur bei geöffnetem Fenster
b ☐ Im Umkreis von 5 Metern von der Spritzkabine
c ☐ Es ist grundsätzlich verboten
d ☐ Nur bei einem Sicherheitsabstand von 5 Metern zum Lackierobjekt

---

## 684. Welche Arbeiten sind in der unmittelbaren Nähe der Spritzkabine nicht erlaubt?

a ☐ Abdeckarbeiten
b ☐ Arbeiten mit funkenreißenden Werkzeugen
c ☐ Naßschleifarbeiten
d ☐ Spachtelarbeiten

---

## 685. Wie sind, im Sinne des Brandschutzes, Räume in feuergefährlichen Bereichen zu kennzeichnen?

a ☐ Laufenlassen von Motoren verboten!
b ☐ Vorsicht! Explosionsgefahr!
c ☐ Offenes Licht verboten!
d ☐ Halt! Rauchen verboten!

---

**686. Weshalb müssen entleerte Lackdosen möglichst umgehend aus den Arbeitsräumen entfernt werden?**

a ☐ Um die Verletzungsgefahr zu verringern
b ☐ Es können explosionsfähige Gasgemische entstehen
c ☐ Um eine Verwechslung mit gefüllten Dosen zu vermeiden
d ☐ Wegen der Sauberkeit am Arbeitsplatz

---

**687. Ordne die Symbole den Brandschutzeinrichtungen zu.?**

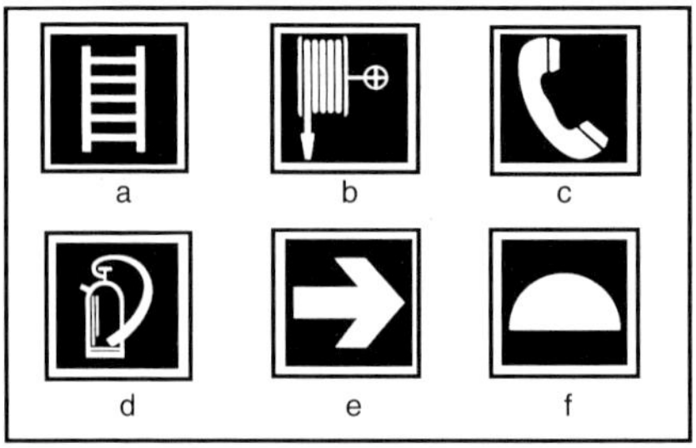


687.1 ____ Richtungsangabe
687.2 ____ Leiter
687.3 ____ Feuerlöschgerät
687.4 ____ Brandmelder
687.5 ____ Einrichtungen zur Brandbekämpfung
687.6 ____ Löschschlauch

---

## Gesundheitsschutz

**688. Für welche Lackierarbeiten ist Atemschutz erforderlich?**

a ☐ Für alle Lackierarbeiten
b ☐ Nur in schlecht belüfleten Räumen
c ☐ Nur in kleinen Räumen
d ☐ Nur bei Lackierarbeiten in geschlossenen Räumen

---

**689. In welchem Fall muß ein Atemschutzgerät getragen werden?**

a ☐ Bei Trockenschleifarbeiten mit Schleifmaschinen
b ☐ Bei allen Lackierarbeiten mit lösemittelhaltigen Stoffen
c ☐ Nur wenn Atemschutzgeräte vorhanden sind
d ☐ Bei Lackierarbeiten im Freien

---

**690. Welche Maßnahmen sind für das Spritzen von lösemittelhaltigen Beschichtungsstoffen in nicht belüfteten Räumen notwendig?**

a ☐ Eine Grobstaubmaske genügt
b ☐ Es sind keine besonderen Maßnahmen notwendig
c ☐ Nur erlaubt mit Absaugvorrichtung und Atemschutzmaske
d ☐ Angefeuchtete Schwammaske genügt

---

**691. Bei welcher Arbeit müssen Frischluftmasken getragen werden?**

a ☐ Wenn ätzende Beschichtungsstoffe verarbeitet werden
b ☐ Wenn Materialspritzer ins Gesicht gelangen können
c ☐ Wenn in dunklen Räumen gearbeitet werden muß
d ☐ Wenn lösemittelhaltige Beschichtungsstoffe verarbeitet werden

---

**692. Welcher der genannten Filter schützt gegen Lösemitteldämpfe?**

a ☐ Schwammfilter
b ☐ Wattefilter
c ☐ Vliesfilter
d ☐ Aktiv-Kohlefilter

---

### 693. Welcher Filter muß beim Verarbeiten von 2K-Lacken getragen werden?

a ☐ Grobstaubfilter P2, Kennfarbe weiß
b ☐ Feinstaubfilter, Kennfarbe weiß
c ☐ Aktivkohlefilter A, Kennfarbe braun
d ☐ Schwammaske, Kennfarbe orange

---

### 694. Welche Schutzmaske muß beim Spritzen von Acryllacken getragen werden?

a ☐ Eine Aktivkohle-Filtermaske
b ☐ Eine Schwebstoffmaske
c ☐ Eine Gasmaske
d ☐ Eine Grobstaubmaske

---

### 695. Welche Filter bieten Schutz vor dem Einatmen von gefährlichen organischen Gasen oder Dämpfen?

a ☐ Gasfilter K, Kennfarbe grün
b ☐ Gasfilter B, Kennfarbe grau
c ☐ Gasfilter E, Kennfarbe gelb
d ☐ Gasfilter A, Kennfarbe braun

---

### 696. Wie kann man erkennen, wenn bei der Spritzmaske der Filter gewechselt werden muß?

a ☐ Wenn der Filter zugesetzt ist
b ☐ Wenn man durch die Maske keine Luft mehr bekommt
c ☐ An der Verfärbung des Indikatorstreifens
d ☐ Wenn der Geruch der Lösemittel deutlich wahrnehmbar wird

---

### 697. Was ist beim Trockenschleifen zu beachten?

a ☐ Möglichst mit Staubabsaugung schleifen
b ☐ Nur im Freien schleifen
c ☐ Nur in belüfteten Räumen schleifen
d ☐ Nur mit Aktivkohlefiltermaske schleifen

---

### 698. Welche Aussage gilt für das Einatmen von UP- Schleifstäuben?

a ☐ Das Einatmen der Schleifstäube ist nicht gesundheitsschädlich
b ☐ Die Schleifstäube können unbedenklich eingeatmet werden
c ☐ Die Schleifstäube dürfen nicht eingeatmet werden
d ☐ Die Schleifstäube werden in der Lunge nach kurzer Zeit abgebaut

---

### 699. Wie schützt man sich bei Arbeiten mit starker Staubentwicklung?

a ☐ Man atmet durch den Mund
b ☐ Man arbeitet mit Absaugvorrichtung, bzw. Tragen einer Atemschutzmaske
c ☐ Man trägt eine Schutzbrille
d ☐ Man trägt Schutzhandschuhe

---

### 700. Was sagt die UVV über Hautschutz aus?

a ☐ Lösemittel dürfen zum Reinigen verwendet werden
b ☐ Geeignete Hautschutzmittel sind zu verwenden
c ☐ Verdünnungsmittel sind zum Reinigen zugelassen
d ☐ Toluolhaltige Lösemittel sind geeignet

---

### 701. Womit dürfen stark verschmutzte Hände gereinigt werden?

a ☐ Mit zugelassenen Hautreinigern
b ☐ Mit geeigneten Lösemitteln
c ☐ Mit der jeweiligen Lackverdünnung
d ☐ Mit Reinigungsverdünnung

---

**702. Wodurch können Hautkrankheiten beim Lackierer verursacht werden?**

a ☐ Berühren von Peroxid
b ☐ Reinigen der Haut mit Lösemittel
c ☐ Reinigen mit Handwaschmittel
d ☐ Ständige Berührung mit Schleifwasser

---

**703. Bei welchen Arbeiten ist ein Augenschutz erforderlich?**

a ☐ Beim Verarbeiten von Acryllacken
b ☐ Beim Abwaschen mit Siliconentferner
c ☐ Bei Arbeiten mit Säuren und Laugen
d ☐ Beim Verarbeiten von Füllermaterialien

---

**704. Bei welcher Arbeit ist kein Augenschutz unbedingt erforderlich?**

a ☐ Beim Strahlen
b ☐ Beim Schleifen mit dem Trennschleifer
c ☐ Beim Lackieren
d ☐ Beim Flammstrahlen

---

**705. Wie kann man sich vor Verätzungen bei der Verarbeitung von alkalischen Stoffen schützen?**

a ☐ Schutzbrille und Schutzhandschuhe tragen
b ☐ Aus großer Entfernung das Material auftragen
c ☐ Nur mit Spritzgeräten arbeiten
d ☐ Nur mit Absaugvorrichtungen arbeiten

---

**706. Was ist beim Umgang mit Härtern auf der Basis organischer Peroxide zu beachten?**

a ☐ Sie neigen zur Selbstentzündung
b ☐ Sie erzeugen Atembeschwerden durch Dämpfe
c ☐ Beim Mischen ensteht eine statische Aufladung
d ☐ Sie haben ätzende Wirkung auf Augen und Haut

---

**707. Wodurch können Augenschäden verursacht werden?**

a ☐ Durch ständiges Lackieren von stark reflektierenden Flächen
b ☐ Durch Spritzer von Abbeizmitteln
c ☐ Durch Dämpfe von Lösemitteln
d ☐ Durch Arbeiten bei elektrischem Licht

---

**708. Welche Schutzausrüstung ist beim Strahlen erforderlich?**

a ☐ Schutzbrille
b ☐ Filtermaske mit Spezialfilter
c ☐ Arbeitsanzug
d ☐ Kopf- und Schulterhaube und Handschuhe

---

**709. Wer kommt bei erheblicher Verschmutzung durch Beschichtungsstoffe für das Stellen und Reinigen der Arbeitsschutzkleidung auf?**

a ☐ Der Arbeitnehmer
b ☐ Der Arbeitgeber
c ☐ Die Berufsgenossenschaften
d ☐ Die Gewerbeaufsichtsämter

---

# Abfallbeseitigung

**710. Wie werden Peroxid-Härter Reste beseitigt?**

a ☐ Sie können in den Gewerbemüll gegeben werden
b ☐ Sie müssen vom Fachhandel zurückgenommen werden
c ☐ Sie sind als gefährliche Arbeitsstoffe zu entsorgen
d ☐ Sie sind in Gebrauchtverdünnung aufzulösen

---

**711. Wie werden gebrauchte Reinigungsverdünnungen entsorgt?**

a ☐ Sie werden zum Regenerieren zurückgegeben
b ☐ Man läßt sie im Freien verdunsten
c ☐ Man schüttet sie ins Abwasser
d ☐ Man verbrennt sie im Freien

---

**712. Wie werden Lack- und Lösemittelreste vom Gesetzgeber eingestuft?**

a ☐ Als Gewerbemüll
b ☐ Als Sperrmüll
c ☐ Als Industrieabfall
d ☐ Als Sondermüll

---

**713. Wie sind Lackschlämme bei Naßabscheidung in Lackieranlagen zu entsorgen?**

a ☐ Sie werden nach der Trocknung verbrannt
b ☐ Sie werden durch Recycling wieder aufbereitet
c ☐ Sie werden als Gewerbemüll entsorgt
d ☐ Sie werden als Sondermüll entsorgt

---

**714. Wie werden Lackdosen mit festen Farbresten entsorgt?**

a ☐ Sie müssen zur Sondermülldeponie gebracht werden
b ☐ Sie werden mit Verdünnung verflüssigt und die Dosen weiterverwendet
c ☐ Sie werden bei der Müllverbrennung angeliefert
d ☐ Sie können zum Gewerbemüll gegeben werden

---

**715. Wie sind mit Lacken und Verdünnungen getränkte Putzlappen aufzubewahren?**

a ☐ Sie sind in Pappkartons zu sammeln
b ☐ Sie sind in verschließbaren Metallbehältern aufzubewaren
c ☐ Sie kommen zu den Papierabfällen dazu
d ☐ Es sind keine besonderen Vorsichtsmaßnahmen erforderlich

---

**716. Welche Emissionen fallen bei einer Fahrzeuglackiererei an?**

a ☐ Abwärme
b ☐ Schleifgeräusche
c ☐ Schleifmittelreste
d ☐ Schleifstaub, Farbschlämme, Lösemitteldunst

---

**717. Welche Bestandteile aus Lacken belasten die Umwelt am meisten?**

a ☐ Die Bindemittel
b ☐ Die Pigmente und Füllstoffe
c ☐ Die Löse- und Verdünnungsmittel
d ☐ Die Trockenstoffe und Konfektionierungsmittel

---

# Gefährliche Arbeitsstoffe, Kennzeichnung

## 718. Die unten abgebildeten Zeichen sind ihrer Bedeutung zuzuordnen.

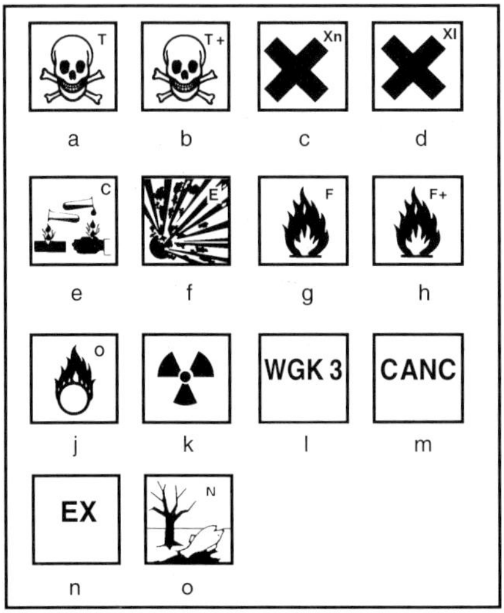


718.1 ____ mindergiftig
718.2 ____ radioaktiv
718.3 ____ leichtentzündlich
718.4 ____ staubexplosionsfähig
718.5 ____ sehr giftig
718.6 ____ reizend
718.7 ____ stark wassergefährdet
718.8 ____ explosionsgefährlich
718.9 ____ krebserregend
718.10 ____ giftig
718.11 ____ hochentzündlich
718.12 ____ ätzend
718.13 ____ brandfördernd
718.14 ____ umweltgefährlich

---

## 719. Die unten abgebildeten Rettungszeichen sind ihrer Bedeutung zuzuordnen.

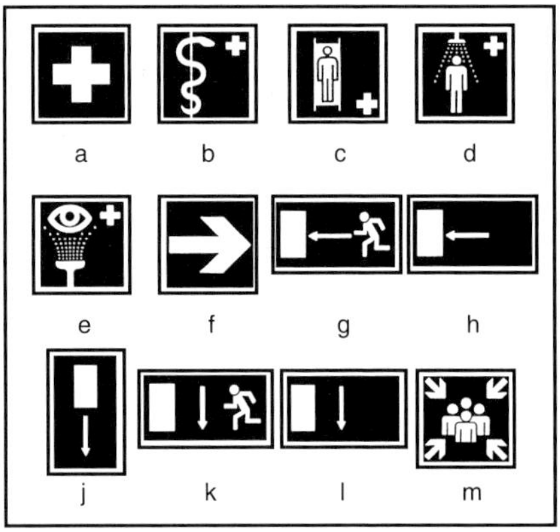


719.1 ____ Krankentrage
719.2 ____ Rettungsweg
719.3 ____ Erste Hilfe
719.4 ____ Notdusche
719.5 ____ Sammelstelle
719.6 ____ Notausgang
719.7 ____ Arzt
719.8 ____ Richtung, Erste Hilfe
719.9 ____ Augenspüleinrichtung

---

## 720. Die unten abgebildeten Verbotszeichen sind ihrer Bedeutung zuzuordnen.

720.1 ____ Für Fußgänger verboten

720.2 ____ Kein Trinkwasser
720.3 ____ Mobilfunk verboten
720.4 ____ Generelles Verbot
720.5 ____ Rauchen verboten
720.6 ____ Nichts Abstellen oder Lagern
720.7 ____ Mit Wasser löschen verboten
720.8 ____ Für Flurförderfahrzeuge verboten
720.9 ____ Feuer, offenes Licht und Rauchen verboten
720.10 ____ Mit Wasser spritzen verboten
720.11 ____ Nicht berühren, Gehäuse unter Spannung
720.12 ____ Zutritt für Unbefugte verboten

### 721. Die unten abgebildeten Warnzeichen sind ihrer Bedeutung zuzuordnen.

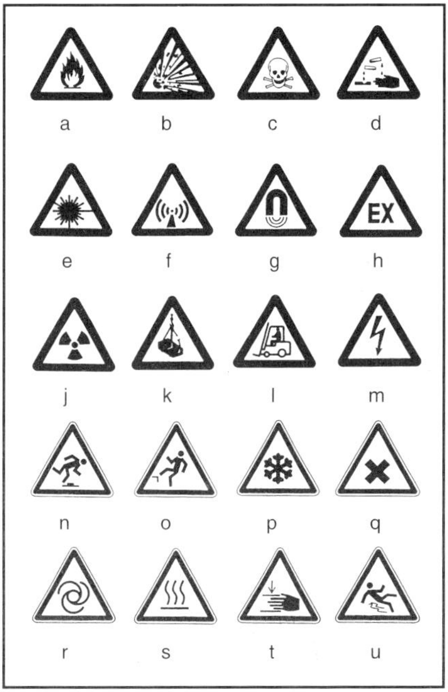


721.1 ____ Warnung vor Kälte
721.2 ____ Warnung vor giftigen Stoffen
721.3 ____ Warnung vor Absturzgefahr
721.4 ____ Warnung vor ätzenden Stoffen
721.5 ____ Warnung vor Fluförderfahrzeugen
721.6 ____ Warnung vor Stolpergefahr
721.7 ____ Warnung vor magnetischem Feld
721.8 ____ Warnung vor heißer Oberfläche
721.9 ____ Warnung vor Laserstrahl
721.10 ____ Warnung vor Rutschgefahr
721.11 ____ Warnung vor schwebender Last
721.12 ____ Warnung vor automatischem Anlauf
721.13 ____ Warnung vor explosionsfähiger Athmosphäre
721.14 ____ Warnung vor gesundheitsschädlichen oder reizenden Stoffen
721.15 ____ Warnung vor elektromagnetischem Feld
721.16 ____ Warnung vor feuergefährlichen Stoffen
721.17 ____ Warnung vor gefährlicher elektrischer Spannung
721.18 ____ Warnung vor Handverletzungen
721.19 ____ Warnung vor explosionsgefährlichen Stoffen
721.20 ____ Warnung vor radioaktiven Stoffen

### 722. Die unten abgebildeten Gebotszeichen sind ihrer Bedeutung zuzuordnen.

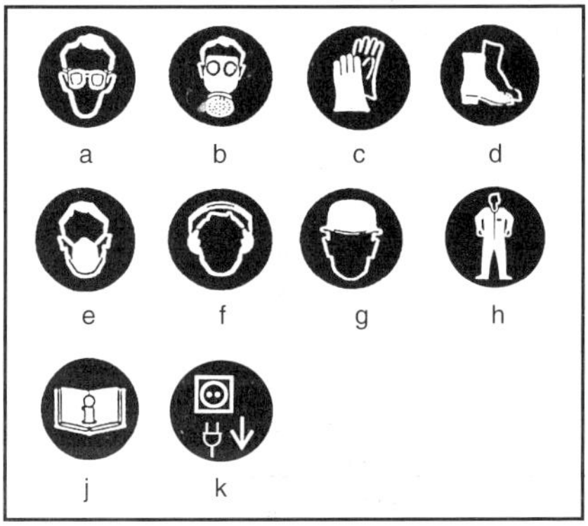


722.1 ____ Schutzhelm tragen
722.2 ____ Augenschutz tragen
722.3 ____ Vor Öffnen Netzstecker ziehen
722.4 ____ Gehörschutz tragen
722.5 ____ Schutzschuhe tragen
722.6 ____ Sicherheitsempfehlung beachten
722.7 ____ Staubmaske anlegen
722.8 ____ Schutzbekleidung benutzen
722.9 ____ Atemschutz tragen
722.10 ____ Schutzhandschuhe tragen

**723. In welchen Zündgruppen sind die meisten Verdünnungen eingeteilt?**

a ☐ G 1 bis G 3
b ☐ G 1 bis G 4
c ☐ G 1 bis G 5
d ☐ G 4 bis G 5

---

**724. Wie heißt die Temperaturgrenze, bei der brennbare Flüssigkeiten entflammbare Dämpfe entwickeln?**

a ☐ Untere Explosionsgrenze
b ☐ Zündtemperatur
c ☐ Flammpunkt
d ☐ Obere Explosionsgrenze

---

**725. Was versteht man unter dem Begriff „Flammpunkt"?**

a ☐ Temperatur bei der sich Flüssigkeiten selbst entzünden
b ☐ Eine für alle Flüssigkeiten festgelegte Höchsttemperatur
c ☐ Niedrigste Temperatur, bei der eine brennbare Flüssigkeit entflammbare Dämpfe entwickelt
d ☐ Temperatur einer Flamme, die eine brennbare Flüssigkeit entzündet

---

**726. Welche Gefahrenklasse bezeichnet den niedrigsten Flammpunkt bei brennbaren Flüssigkeiten?**

a ☐ A III
b ☐ A II
c ☐ A I
d ☐ B

---

**727. In welche Gefahrenklasse sind brennbare Flüssigkeiten mit einem Flammpunkt von 21° C bis 55° C einzuordnen?**

a ☐ A I
b ☐ A II
c ☐ A III
d ☐ B

---

**728. Was bedeutet nach der Verordnung für brennbare Flüssigkeiten (VbF) Gefahrenklasse der Gruppe A I?**

a ☐ Flammpunkt unter +21° C
b ☐ Flammpunkt von +21° C bis + 55° C
c ☐ Flammpunkt unter 55° C
d ☐ Flammpunkt über + 100° C

---

**729. In welche Gefahrenklasse ist ein 2K-Acryllack einzuordnen?**

a ☐ B
b ☐ A III
c ☐ A II
d ☐ A I

---

**730. Was ist beim Umgang mit Lösemitteln der Gefahrenklasse A II zu beachten?**

a ☐ Sie sind nur im Freien anzuwenden
b ☐ Schutzkleidung, Handschuhe und Schutzbrille tragen
c ☐ Berührung mit Haut, Augen und Kleidung vermeiden, für ausreichenden Atemschutz sorgen
d ☐ Der Umgang mit Lösemitteln ist max. auf eine halbe Stunde pro Tag begrenzt

---

**731. Bei welcher Gefahrenklasse ist keine Kennzeichnung auf einem Lösemittelbehälter notwendig?**

a ☐ A I
b ☐ A II
c ☐ A III
d ☐ B

---

**732. Zu welcher Gefahrenklasse zählt 2K-Acrylklarlack?**

a ☐ A I
b ☐ A II
c ☐ A III
d ☐ B

---

**733. Welche Gefahr besteht beim Umfüllen von Lösemitteln?**

a ☐ Es besteht die der Bildung von Staub/Luftgemischen
b ☐ Es besteht keine Gefahr
c ☐ Es besteht die Gefahr der Entzündung durch elektrische Entladungsvorgänge
d ☐ Es besteht die Gefahr der sehr raschen Verdunstung

---

**734. Wo ist die Lagerhaltung von Lösemitteln und brennbaren Flüssigkeiten erlaubt?**

a ☐ In Lackierkabinen
b ☐ In Lagerräumen, die entsprechend der VbF ausgestattet und genehmigt sind
c ☐ In Durchgängen und Durchfahrten
d ☐ In Kellerräumen

---

**735. Wo sind Verdünnungsmittel zu lagern?**

a ☐ In kleinen Mengen in Werkstatträumen
b ☐ In feuerfesten Räumen
c ☐ Nur in Kellerräumen
d ☐ Nur im Freien

---

**736. In welchen Lagerräumen dürfen bis zu 1.000 Liter brennbare Flüssigkeiten der Gefahrenklasse A I gelagert werden?**

a ☐ In gut belüfteten, allgemein zugänglichen Fluren in dichtbleibenden Behältern
b ☐ In gut belüfteten Durchgängen und Durchfahrten
c ☐ Diese Menge ist in keinem Lagerraum zulässig
d ☐ In Lagerräumen über oder unter der Erdgleiche in dichtbleibenden Gefäßen

---

**737. In welchem Fall gilt nach der VbF ein Behälter als bruchsicher?**

a ☐ Wenn der Behälter oder das Gebinde mit „DIN" gekennzeichnet ist
b ☐ Wenn der gefüllte Behälter oder das Gebinde bei einem Fall aus 2 Meter Höhe nicht undicht wird
c ☐ Wenn das gefüllte Gebinde bei einem Fall aus 1,80 Meter Höhe auf eine harte Unterlage nicht flüssigkeitsundicht wird
d ☐ Wenn der Behälter einen TÜV-Prüfstempel trägt

---

**738. In welchen Behältern müssen feuergefährliche Flüssigkeiten gelagert werden?**

a ☐ In Glasbehältern
b ☐ In Kunststoffbehältern
c ☐ In feuer- und bruchsicheren Behältern
d ☐ In Tonbehältern

---

**739. Warum müssen Laugen und Säuren in besonders gekennzeichneten Flaschen und Behältern aufbewahrt werden?**

a ☐ Weil sie ätzen
b ☐ Weil sie einen üblen Geruch haben
c ☐ Weil sie leicht brennen
d ☐ Weil sie schnell verdunsten

---

## 740. Wie ist ein festsitzender Verschluß an einem Lösemittelfaß zu öffnen?

a ☐ Mit nicht funkenbildenden Werkzeugen
b ☐ Mit Hammer und Meißel
c ☐ Erwärmen mit dem Schweißbrenner
d ☐ Mit der Trennscheibe

---

## 741. Wonach richtet sich die höchstzulässige Lagermenge von Beschichtungsstoffen in der Lackierwerkstatt?

a ☐ Nach der möglichen Lagerkapazität
b ☐ Nach den baulichen Gegebenheiten der Werkstatt
c ☐ Nach den Gefahrenklassen der Beschichtungsstoffe in Abhängigkeit zum Flammpunkt
d ☐ Nach den Sicherheitsanforderungen des Lackherstellers

---

## 742. Welche Lackmengen dürfen im Verarbeitungsraum gelagert werden?

a ☐ Bei guter Belüftung unbegrenzt
b ☐ Die Menge für eine Tagesschicht
c ☐ Die Menge für zwei Arbeitsstunden
d ☐ Die Menge, wie es der Fortgang der Arbeit erfordert

---

## 743. Wieviel Lackmaterial darf am Arbeitsplatz bereitgestellt werden, wenn dieser als feuergefährdeter Bereich anzusehen ist?

a ☐ Höchstens 10 kg einschließlich Lösemittel und Härter
b ☐ Materialbedarf einer Arbeitsschicht
c ☐ Die in 4 Stunden zu verarbeitende Materialmenge
d ☐ Die in 1 Stunde zu verarbeitende Materialmenge

---

## 744. Welche Lackmenge darf in der Lackierkabine gelagert werden?

a ☐ Keine
b ☐ Wie es der Fortgang der Arbeit erfordert
c ☐ Lack für einen halben Arbeitstag
d ☐ Lack für einen ganzen Arbeitstag

---

## 745. Wieviel Lack darf in der Nähe der Spritzkabine gelagert werden?

a ☐ Der Bedarf einer halben Arbeitsschicht
b ☐ 5 l
c ☐ 10 l
d ☐ 50 l

---

## 746. Welche Menge Lack darf ohne besonderen Lackierraum (VBG 23) verarbeitet werden?

a ☐ Lackierarbeiten können ohne weiteres vorgenommenn werden
b ☐ Es darf nicht mehr als 5 kg Lack in 8 Stunden verarbeitet werden
c ☐ Spritzmaske tragen genügt
d ☐ Es genügt, wenn Frischluftzufuhr vorhanden ist

---

## 747. Welche Aussage gilt für das Verarbeiten von Lacken?

a ☐ Nur in geschlossenen Räumen verarbeiten
b ☐ Lacke dürfen nur verdünnt verarbeitet werden
c ☐ Lacke dürfen überall verarbeitet werden
d ☐ Das Einatmen von Lösemitteln ist zu vermeiden

---

## 748. Was ist beim Umgang mit Lacken zu beachten?

a ☐ Das Einatmen vom Lösemitteln ist gesundheitsschädlich
b ☐ Lacke müssen stes im Originalgebinde gelassen werden
c ☐ Lacke dürfen nur bis zu einer Menge von 1 Liter in die Lackierkabine gebracht werden
d ☐ Lacke dürfen vor der Verarbeitung nur auf Ex-geschützten Heizungen erwärmt werden

---

## 749. Woran sind gefährliche Arbeitsstoffe zu erkennen?

a ☐ An der Farbe der Verpackung
b ☐ Am Gefahrensymbol nach der Arbeitsstoffverordnung
c ☐ An der Form und Größe der Behälter
d ☐ An der Kennzeichnung durch Farbsymbole

---

## 750. Woran sind gesundheitsschädliche Lösemittel zu erkennen?

a ☐ Am Geruch
b ☐ Kennzeichnung nach Verordnung
c ☐ Durch Atemtest
d ☐ Brennbarkeit

---

## 751. Welche Bedeutung hat die Arbeitsstoff-Verordnung (Arb.Stoff.VO) für den Fahrzeuglackierer?

a ☐ Sie gilt nicht für den Lackierer, weil es für diese spezielle Unfallverhütungs-Vorschriften gibt
b ☐ Er ist davon nicht berührt,weil seine Arbeitsstoffe nicht gefährlich sind
c ☐ Sie regelt nur den Umgang mit Stoffen, die nicht eingeatmet werden dürfen
d ☐ Sie regelt für alle Gewerke den Umgang mit gefährlichen Arbeitsstoffen und welche Schutzmaßnahmen vorgeschrieben sind

---

## 752. Was versteht man unter MAK-Werten?

a ☐ Angeben über die maximale Druckeinstellung des Kompressors
b ☐ Werte über die maximale Arbeitsplatzkonzentration für Lösemitteldämpfe und Schwebstoffe
c ☐ Angaben über die Verdünnungsmittelzugabe für Beschichtungsstoffe
d ☐ Angaben über die maximale Temperatur bei der Ofentrocknung

---

## 753. Welchem Zweck dient der MAK-Wert?

a ☐ Um gesundheitliche Schäden beim Lackierer festzustellen
b ☐ Um die Reinhaltung der Luft in der Lackierkabine zu gewährleisten
c ☐ Um die Arbeitskonzentration des Lackierers festzustellen
d ☐ Um beim Überschreiten der Werte Schutzmaßnahmen zu veranlassen

---

## 754. Welche Vorschriften sind beim Lackieren mit Farbdruckbehältern zu beachten?

a ☐ Die Sicherheitseinrichtungen sind regelmäßig zu überprüfen
b ☐ Es dürfen maximal 10 Liter Lack eingefüllt werden
c ☐ Bei Überdruck müssen sich die Verschlüsse leicht öffnen lassen
d ☐ Farbdruckkessel müssen innen und außen schutzbeschichtet sein

---

## 755. Was sind Sicherheitsfarben?

a ☐ Rutschfeste Farben für Werkstattböden
b ☐ RAL-Farben
c ☐ Kennzeichnungsnorm
d ☐ Unbrennbare und ungiftige Farben

---

**756. Welche der Sicherheitsfarben nach DIN 4818 bedeutet Warnung?**

a ☐ Blau kombiniert mit Weiß
b ☐ Gelb kombiniert mit Weiß
c ☐ Grün kombiniert mit Weiß
d ☐ Rot kombiniert mit Weiß

---

**757. Welche Bedeutung haben Sicherheitszeichen mit quadratischen und rechteckigen Formen?**

a ☐ Warnzeichen
b ☐ Verbotszeichen
c ☐ Rettungs-, Hinweis- und Zusatzzeichen
d ☐ Gebotszeichen

---

**758. Welche Form haben Gebotszeichen in Werkstätten oder im Baustellenbereich?**

a ☐ Rechteckige Form mit grünem Feld
b ☐ Blaue Kreisfläche mit weißen Symbolen
c ☐ Runde Form, (rot) mit schwarzen Symbolen
d ☐ Dreieckige Form, (weiß) mit roten Symbolen

---

**759. Dürfen jugendliche Auszubildende mit explosionsgefährlichen, brandfördernden und entzündlichen Stoffen umgehen?**

a ☐ Ja
b ☐ Nein
c ☐ Ja, nur unter Aufsicht eines fachkundigen Mitarbeiters
d ☐ Ja, wenn ein anderer Auszubildender mitanwesend ist

---

# Vorschriften der Berufsgenossenschaften

**760. Wie müssen die Unfallverhütungsvorschriften (UVV) den Arbeitnehmern bekanntgemacht werden?**

a ☐ Sie müssen in jeder Werkstatt gut sichtbar angebracht werden
b ☐ Jeder Beschäftigte muß den Arbeitgeber nach den UVV fragen
c ☐ Alle UVV müssen dem Arbeitnehmer bei Beginn des Arbeitsverhältnisses ausgehändigt werden
d ☐ Jeder Arbeitnehmer muß die UVV selbst bei der Berufsgenossenschaff anfordern

---

**761. Welche Folgen kann bei einem Unfall die Nichtbeachtung von UVV haben?**

a ☐ Der Arbeitnehmer kann bestraft werden
b ☐ Der Arbeitgeber kann bestraft werden
c ☐ Dem Betroffenen können die Leistungen der Unfallversicherung gesperrt werden
d ☐ Der Betroffene muß später einen höheren Versicherungsbeitrag zahlen

---

**762. Welches Thema behandelt die VBG 23 (UVV)?**

a ☐ Bauvorschriffen für Lackieranlagen
b ☐ Einrichten von Spritzkabinen
c ☐ Errichten von Spritzständen
d ☐ Verarbeitung von Anstrichstoffen

---

**763. In wieviele Teile ist die VBG 23 gegliedert?**

a ☐ In 3 Teile
b ☐ In 5 Teile
c ☐ In 6 Teile
d ☐ In 7 Teile

---

**764. Welche Aufgaben hat der Arbeitsmedizinische Dienst der Berufsgenossenschaft?**

a ☐ Die gesetzlich vorgeschriebenen Vorsorgeuntersuchungen durchzuführen
b ☐ Die ärztliche Behandlung der Mitglieder
c ☐ Die Versorgung der Verletzten bei Berufsunfällen
d ☐ Die Handwerksbetriebe medizinisch zu überwachen

---

**765. Welche Institutionen erlassen Unfallverhütungsvorschriffen und überwachen Ihre Einhaltung?**

a ☐ Die Gewerbeaufsichtsämter
b ☐ Die Landesversicherungsanstalten
c ☐ Die Handwerkskammern
d ☐ Die Berufsgenossenschaften

---

**766. Welche Institution ist bei einem Arbeitsunfall zu benachrichtigen?**

a ☐ Berufgenossenschaft
b ☐ Gewerkschaft
c ☐ Krankenkasse
d ☐ Polizei

---

**767. Wer ist der Träger der gesetzlichen Unfallversicherung im Maler- und Lackiererhandwerk?**

a ☐ Berufsgenossenschaft
b ☐ Krankenkasse
c ☐ Landesversicherungsanstalt
d ☐ Rentenversicherung

---

**768. Wer ist bei einem Arbeitsunfall verpflichtet zu helfen?**

a ☐ Der in Erster Hilfe Ausgebildete
b ☐ Der Sicherheitsbeauftragte
c ☐ Jeder Anwesende
d ☐ Nur der Arzt

---

**769. Welche Institution gibt „Technische Regeln für gefährliche Arbeitsstoffe“ (TRgA) heraus?**

a ☐ Die Bundesversicherungsanstalt
b ☐ Die Berufsgenossenschaft
c ☐ Die Bundesanstalt für Arbeitsschutz und Unfallforschung
d ☐ Der Bundesminister für Arbeit und Sozialordnung

---

**770. Was gilt für das Aufstellen von Kompressoren?**

a ☐ Kompressoren müssen geerdet sein
b ☐ Kompressoren dürfen im Spritzraum aufgestellt werden
c ☐ Kompressoren sind in der Lackierwerkstatt aufzustellen
d ☐ Kompressoren sind außerhalb von Arbeitsräumen aufzustellen

---

**771. Welche Sicherheitsvorkehrung schützt den Druckkessel des Kompressors vor Überlastung?**

a ☐ Druckminderer
b ☐ Überdruckventil
c ☐ Wasserabscheider
d ☐ Manometer

---

**772. Welche Sicherheitsvorschrift ist für den Umgang mit Höchstdruck-Spritzpistolen besonders wichtig?**

a ☐ Nicht auf Personen richten, da diese dadurch mit Farbe beschmutzt werden
b ☐ Wegen des starken Sprühnebels ist eine Absaugung der Lösemitteldämpfe unbedingt erforderlich
c ☐ Nicht in geschlossenen Räumen spritzen
d ☐ Nicht auf Personen richten, da der Spritzstrahl mit hohem Druck austritt und Verletzungen hervorrufen kann

---

### 773. Welche zusätzliche Schutzausrüstung muß bei Arbeiten mit elektrischen Spritzgeräten getragen werden?

a ☐ Isolierende Gummihandschuhe und Gummistiefel
b ☐ Leitfähige Handschuhe und leitfähige Schuhe
c ☐ Erdungskabel am Handgelenk
d ☐ Kontrollgerät zum Messen der elektrischen Spannung

---

### 774. Welche Sicherheitsvorschrift muß bei einem Spritzstand beachtet werden?

a ☐ Beleuchtungsanlagen müssen wasserdicht sein
b ☐ Eine Absaugvorrichtung ist nicht erforderlich
c ☐ Farbreste sind jeden Tag zu entfemen
d ☐ Metallgehäuse müssen geerdet sein

---

### 775. Was schreibt die UVV für regelmäßige Spritzarbeiten vor?

a ☐ Sie dürfen nur mit Atemschutzmaske durchgeführt werden
b ☐ Sie dürfen nur in Spritzständen oder Spritzkabinen durchgeführt werden
c ☐ Sie dürfen nur im Lackierraum ausgeführt werden
d ☐ Sie dürfen nur in gut belüfteten Räumen durchgeführt werden

---

### 776. Welche Sicherheitseinrichtungen müssen Lackierkabinen haben?

a ☐ Komplette Bodenberostung
b ☐ Elektrisches Hubtor
c ☐ Nach zwei verschiedenen Seiten führende Ausgänge
d ☐ Öl- und Wasserabscheider

---

### 777. Wie müssen die Wände von Lackierkabinen beschaffen sein?

a ☐ Feuerfest
b ☐ Feuerbeständig
c ☐ Feuerhemmend
d ☐ Feuerlöschend

---

### 778. Welche Baustoffe sind für Spritz- und Trockenkabinen zugelassen?

a ☐ Spezielle Kunststoffe
b ☐ Imprägnierte Gipskartonplatten
c ☐ Nicht brennbare, feste Werkstoffe
d ☐ Mit Brandschutzanstrichen imprägniertes Holz

---

# Lösungen

| | |
|---|---|
| 1.1 | j |
| 1.2 | b |
| 1.3 | o |
| 1.4 | f |
| 1.5 | l |
| 1.6 | c |
| 1.7 | k |
| 1.8 | n |
| 1.9 | h |
| 1.10 | d |
| 1.11 | p |
| 1.12 | e |
| 1.13 | g |
| 1.14 | m |
| 1.15 | a |
| 2.1 | f,g |
| 2.2 | a |
| 2.3 | l |
| 2.4 | b,c,d,e,f,g |
| 2.5 | o |
| 2.6 | e |
| 2.7 | h |
| 2.8 | p |
| 2.9 | m |
| 2.10 | n |
| 2.11 | k |
| 2.12 | j |
| 3.1 | j |
| 3.2 | o |
| 3.3 | d |
| 3.4 | s |
| 3.5 | e |
| 3.6 | k |
| 3.7 | v |
| 3.8 | l |
| 3.9 | a |
| 3.10 | m |
| 3.11 | b |
| 3.12 | p |
| 3.13 | x |
| 3.14 | g |
| 3.15 | f |
| 3.16 | c |
| 3.17 | h |
| 3.18 | q |
| 3.19 | w |
| 3.20 | n |
| 3.21 | t |
| 3.22 | u |
| 3.23 | r |
| 4.1 | b |
| 4.2 | a |
| 4.3 | c |
| 5.1 | e |
| 5.2 | c |
| 5.3 | j |
| 5.4 | a |
| 5.5 | f |
| 5.6 | g |
| 5.7 | d |
| 5.8 | b |
| 5.9 | h |
| 6.1 | c |
| 6.2 | f |
| 6.3 | h |
| 6.4 | e |
| 6.5 | d |
| 6.6 | b |
| 6.7 | a |
| 6.8 | g |
| 7.1 | f |
| 7.2 | c |
| 7.3 | h |
| 7.4 | b |
| 7.5 | g |
| 7.6 | e |
| 7.7 | j |
| 7.8 | a |
| 7.9 | k |
| 7.10 | d |
| 8.1 | f |
| 8.2 | c |
| 8.3 | h |
| 8.4 | g |
| 8.5 | d |
| 8.6 | j |
| 8.7 | m |
| 8.8 | e |
| 8.9 | b |
| 8.10 | l |
| 8.11 | a |
| 8.12 | k |
| 9.1 | c,e,h,k |
| 9.2 | f,m |
| 9.3 | a,b,c,e, h,k |
| 9.4 | f,l |
| 9.5 | e,d |
| 10.a.1 | b |
| 10.a.2 | f |
| 10.a.3 | h |
| 10.a.4 | a |
| 10.a.5 | g |
| 10.a.6 | d |
| 10.a.7 | e |
| 10.a.8 | c |
| 10.b.1 | c |
| 10.b.2 | h |
| 10.b.3 | b |
| 10.b.4 | a |
| 10.b.5 | d |
| 10.b.6 | f |
| 10.b.7 | e |
| 10.b.8 | g |
| 11.1 | d |
| 11.2 | j |
| 11.3 | m |
| 11.4 | b |
| 11.5 | g |
| 11.6 | h |
| 11.7 | a |
| 11.8 | f |
| 11.9 | k |
| 11.10 | e |
| 11.11 | c |
| 11.12 | n |
| 11.13 | l |
| 12.1 | c |
| 12.2 | f |
| 12.3 | l |
| 12.4 | o |
| 12.5 | b |
| 12.6 | h |
| 12.7 | n |
| 12.8 | d |
| 12.9 | k |
| 12.10 | e |
| 12.11 | a |
| 12.12 | g |
| 12.13 | m |
| 12.14 | j |
| 13.1 | o |
| 13.2 | a |
| 13.3 | g |
| 13.4 | f |
| 13.5 | k |
| 13.6 | l |
| 13.7 | b |
| 13.8 | h |
| 13.9 | c |
| 13.10 | n |
| 13.11 | d |
| 13.12 | m |
| 13.13 | e |
| 14.1 | j |
| 14.2 | c |
| 14.3 | a |
| 14.4 | k |
| 14.5 | f |
| 14.6 | h |
| 14.7 | d |
| 14.8 | g |
| 14.9 | b |
| 14.10 | e |
| 15.1 | j |
| 15.2 | a |
| 15.3 | f |
| 15.4 | h |
| 15.5 | g |
| 15.6 | c |
| 15.7 | k |
| 15.8 | e |
| 15.9 | b |
| 15.10 | d |
| 16.1 | d |
| 16.2 | b |
| 16.3 | a |
| 16.4 | g |
| 16.5 | c |
| 16.6 | f |
| 16.7 | e |
| 17.1 | c |
| 17.2 | f |
| 17.3 | b |
| 17.4 | o |
| 17.5 | d |
| 17.6 | h |
| 17.7 | a |
| 17.8 | l |
| 17.9 | n |
| 17.10 | m |
| 17.11 | k |
| 17.12 | e |
| 17.13 | g |
| 17.14 | j |
| 18.1 | h |
| 18.2 | c |
| 18.3 | l |
| 18.4 | d |
| 18.5 | f |
| 18.6 | a |
| 18.7 | m |
| 18.8 | g |
| 18.9 | e |
| 18.10 | k |
| 18.11 | n |
| 18.12 | b |
| 18.13 | j |
| 19.1 | c |
| 19.2 | e |
| 19.3 | b |
| 19.4 | a |
| 19.5 | d |
| 20.1 | h |
| 20.2 | e |
| 20.3 | l |
| 20.4 | c |
| 20.5 | g |
| 20.6 | f |
| 20.7 | d |
| 20.8 | j |
| 20.9 | b |
| 20.10 | m |
| 20.11 | a |
| 20.12 | k |
| 21.1 | e |
| 21.2 | b |
| 21.3 | n |
| 21.4 | h |
| 21.5 | j |
| 21.6 | a |
| 21.7 | m |
| 21.8 | f |
| 21.9 | l |
| 21.10 | d |
| 21.11 | g |
| 21.12 | c |
| 21.13 | k |
| 22.1 | c |
| 22.2 | a |
| 22.3 | d |
| 22.4 | b |
| 23.1 | e |
| 23.2 | b |
| 23.3 | f |
| 23.4 | g |
| 23.5 | c |
| 23.6 | a |
| 23.7 | d |
| 23.8 | j |

| | | | | | | | | | |
|---|---|---|---|---|---|---|---|---|---|
| 23.9 | h | 53 | c | 97 | d | 134 | d | 169 | c |
| 24.1 | j | 54 | d | 98 | 1 | 135 | b | 170 | c |
| 24.2 | c | 55 | b | 99 | c | 136 | c | 171 | a |
| 24.3 | m | 56 | b | 100 | b | 137 | d | 172 | c |
| 24.4 | e | 57.1 | d | 101 | d | 138 | a | 173 | a |
| 24.5 | a | 57.2 | g | 102 | d | 139 | c | 174 | b |
| 24.6 | k | 57.3 | f | 103 | c | 140 | a | 175 | c |
| 24.7 | d | 57.4 | b | 104 | b | 141 | b | 176 | d |
| 24.8 | h | 57.5 | c | 105 | a | 142 | c | 177 | a |
| 24.9 | b | 57.6 | a | 106 | d | 143 | a | 178 | b |
| 24.10 | f | 57.7 | e | 107 | c | 144 | b | 179 | d |
| 24.11 | n | 58 | d | 108 | c | 145 | c | 180 | c |
| 24.12 | g | 59 | c | 109 | b | 146 | c | 181 | a |
| 24.13 | o | 60 | c | 110 | c | 147 | d | 182 | b |
| 24.14 | l | 61 | a | 111 | b | 148 | d | 183 | d |
| 25 | d | 62 | c | 112 | d | 149 | d | 184 | a |
| 26 | d | 63 | b | 113.1 | j | 150 | b | 185 | c |
| 27 | b | 64 | d | 113.2 | b | 151 | c | 186 | b |
| 28 | b | 65 | a | 113.3 | o | 152 | d | 187 | b |
| 29 | c | 66 | a | 113.4 | c | 153 | c | 188 | c |
| 30 | b | 67 | b | 113.5 | m | 154 | b | 189 | d |
| 31 | d | 68 | d | 113.6 | a | 155 | d | 190 | b |
| 32 | d | 69 | c | 113.7 | q | 156 | c | 191 | c |
| 33 | c | 70 | d | 113.8 | f | 157 | b | 192 | a |
| 34 | c | 71 | b | 113.9 | k | 158 | a | 193 | b |
| 35 | d | 72 | d | 113.10 | d | 159 | d | 194 | c |
| 36 | c | 73 | d | 113.11 | s | 160 | b | 195 | a |
| 37 | c | 74 | b | 113.12 | e | 161 | d | 196 | d |
| 38 | b | 75 | c | 113.13 | n | 162 | c | 197 | d |
| 39 | b | 76 | c | 113.14 | r | 163 | b | 198 | b |
| 40 | d | 77 | c | 113.15 | g | 164 | d | 199 | b |
| 41 | c | 78 | a | 113.16 | p | 165.A.1 | c | 200 | c |
| 42 | c | 79 | b | 113.17 | h | 165.A.2 | d | 201 | d |
| 43 | b | 80.1 | b | 113.18 | l | 165.A.3 | a | 202 | b |
| 44 | d | 80.2 | e | 114 | b | 165.A.4 | b | 203 | c |
| 45 | a | 80.3 | a | 115 | d | 165.A.5 | g | 204 | d |
| 46 | a | 80.4 | c | 116 | c | 165.A.6 | f | 205 | d |
| 47 | b | 80.5 | d | 117 | a | 165.A.7 | e | 206 | a |
| 48 | d | 81 | d | 118 | c | 165.B.1 | c | 207 | b |
| 49 | b | 82 | c | 119 | b | 165.B.2 | e | 208 | b |
| 50 | c | 83 | b | 120 | d | 165.B.3 | f | 209 | c |
| 51 | d | 84 | b | 121 | c | 165.B.4 | b | 210 | b |
| 52.1 | c | 85 | d | 122 | c | 165.B.5 | g | 211 | d |
| 52.2 | a | 86 | d | 123 | c | 165.B.6 | d | 212 | a |
| 52.3 | c | 87 | b | 124 | d | 165.B.7 | a | 213 | d |
| 52.4 | b | 88 | b | 125 | a | 165.C.1 | d | 214 | b |
| 52.5 | a | 89 | c | 126 | c | 165.C.2 | c | 215 | c |
| 52.6 | b | 90 | d | 127 | c | 165.C.3 | b | 216 | a |
| 52.7 | c | 91 | a | 128 | a | 165.C.4 | f | 217 | d |
| 52.8 | a | 92 | c | 129 | c | 165.C.5 | a | 218 | b |
| 52.9 | b | 93 | a | 130 | d | 165.C.6 | e | 219 | b |
| 52.10 | a | 94 | c | 131 | c | 166 | c | 220 | b |
| 52.11 | c | 95 | a | 132 | c | 167 | d | 221 | c |
| 52.12 | b | 96 | a | 133 | b | 168 | d | 222 | c |

| | | | | | | | | | |
|---|---|---|---|---|---|---|---|---|---|
| 223 | d | 277 | a | 331 | b | 385 | c | 414 | c |
| 224 | c | 278 | c | 332 | a | 386 | b | 415 | b |
| 225 | a | 279 | b | 333 | d | 387 | d | 416 | c |
| 226 | a | 280 | d | 334 | a | 388 | a | 417 | c |
| 227 | b | 281 | c | 335 | b | 389 | a | 418 | b |
| 228 | d | 282 | a | 336 | b | 390 | d | 419 | c |
| 229 | b | 283 | d | 337 | d | 391 | b | 420 | a |
| 230 | c | 284 | d | 338 | c | 392 | d | 421.1 | c |
| 231 | d | 285 | b | 339 | c | 393 | c | 421.2 | d |
| 232 | c | 286 | c | 340 | d | 394 | d | 421.3 | a |
| 233 | d | 287 | d | 341 | a | 395 | a | 421.4 | b |
| 234 | a | 288 | a | 342 | b | 396 | d | 422 | c |
| 235 | b | 289 | b | 343 | a | 397 | b | 423 | c |
| 236 | b | 290 | b | 344 | c | 398 | c | 424 | c |
| 237 | c | 291 | c | 345 | d | 399 | b | 425 | a |
| 238 | d | 292 | d | 346 | c | 400 | a | 426 | b |
| 239 | b | 293 | c | 347 | c | 401 | b | 427 | d |
| 240 | c | 294 | b | 348 | a | 402 | c | 428 | c |
| 241 | c | 295 | d | 349 | b | 403 | a | 429 | a |
| 242 | d | 296 | a | 350 | d | 404 | b | 430 | c |
| 243 | b | 297 | b | 351 | a | 405 | b | 431 | b |
| 244 | a | 298 | d | 352 | b | 406 | c | 432 | c |
| 245 | d | 299 | b | 353 | c | 407 | d | 433 | c |
| 246 | b | 300 | a | 354 | d | 408.1 | k | 434 | c |
| 247 | b | 301 | c | 355 | b | 408.2 | c | 435 | b |
| 248 | c | 302 | a | 356 | c | 408.3 | m | 436 | c |
| 249 | c | 303 | c | 357 | b | 408.4 | q | 437 | a |
| 250 | a | 304 | b | 358 | a | 408.5 | f | 438 | c |
| 251 | b | 305 | c | 359 | c | 408.6 | b | 439.1 | c |
| 252 | b | 306 | d | 360 | d | 408.7 | n | 439.2 | d |
| 253 | c | 307 | c | 361 | c | 408.8 | h | 439.3 | b |
| 254 | b | 308 | d | 362 | b | 408.9 | r | 439.4 | a |
| 255 | d | 309 | b | 363 | a | 408.10 | l | 440 | d |
| 256 | a | 310 | c | 364 | b | 408.11 | a | 441 | d |
| 257 | c | 311 | c | 365 | d | 408.12 | g | 442 | b |
| 258 | b | 312 | b | 366 | a | 408.13 | p | 443 | c |
| 259 | b | 313 | b | 367 | d | 408.14 | j | 444 | d |
| 260 | b | 314 | c | 368 | a | 408.15 | e | 445 | b |
| 261 | c | 315 | c | 369 | b | 408.16 | o | 446 | c |
| 262 | b | 316 | d | 370 | c | 408.17 | d | 447 | b |
| 263 | d | 317 | c | 371 | b | 408.18 | s | 448 | b |
| 264 | c | 318 | d | 372 | c | 409.1 | c | 449 | c |
| 265 | b | 319 | a | 373 | d | 409.2 | g | 450 | a |
| 266 | d | 320 | c | 374 | b | 409.3 | d | 451 | b |
| 267 | a | 321 | d | 375 | d | 409.4 | b | 452 | d |
| 268 | a | 322 | a | 376 | b | 409.5 | h | 453 | a |
| 269 | c | 323 | b | 377 | c | 409.6 | e | 454 | a |
| 270 | c | 324 | b | 378 | c | 409.7 | f | 455 | c |
| 271 | d | 325 | d | 379 | d | 409.8 | j | 456 | b |
| 272 | a | 326 | a | 380 | b | 409.9 | a | 457 | d |
| 273 | b | 327 | d | 381 | c | 410 | c | 458 | b |
| 274 | d | 328 | b | 382 | d | 411 | a | 459 | c |
| 275 | c | 329 | c | 383 | a | 412 | b | 460 | c |
| 276 | a | 330 | c | 384 | c | 413 | c | 461 | d |